目錄

前言

缺乏糧食的狀況下人類可以存活三周，滴水未進的話是三天，但沒有了空氣卻只能活三分鐘。可是我們卻視新鮮空氣為理所當然：它永遠都在，無所不在。過去幾個世紀以來空氣汙染的內容有了極大的變化。雖然肉眼看不見，但空汙正對我們以及兒童們的健康造成重大的影響。

全球超過九〇%的人口暴露在遠高於世界衛生組織（WHO）空汙標準的空氣中。二〇一五年世界上有四百五十萬人因為懸浮微粒和臭氧汙染英年早逝[1]。我們為何不更進一步了解空氣汙染？人類又是如何放任空汙演進成今日的危機呢？

空氣汙染的面貌已經改變。當代空汙早已不像過去工業排放的烏黑濃煙。倫敦曾享有全球汙染最嚴重城市的名聲，被豌豆湯濃霧包圍，但北京已經更上一層樓。大家都對北京鳥巢奧運館和紫禁城壟罩在霧霾之中，和居民人人戴著口罩的畫面屢見不鮮。雖然新聞報導的次數頻繁，但北京並不是世界衛生組織空汙嚴重城市排行榜上的第一名。二〇一六年北京位居空汙城市排行榜第五六名，二〇一七年更掉到一八七名。汙染最嚴重的前五十名城市絕大多數在東亞：二十四座在印度，八座在中國，三座在伊朗，還有三座在巴基斯坦。前五十名中有六座城市在中東，沙烏地阿拉伯就囊括了四座。排行榜尾端空氣最乾淨的城市則包括了冰島、加拿大、美國、北歐等地的小鎮。有些大城市的空氣汙染也很輕微；像是溫哥華還有斯德哥爾摩，由此可見空氣汙染並不是城市生活的必然。

身為倫敦國王學院（King's College）的空氣汙染科學家，我的研究重點為都會空氣汙染來源以及空汙對人體健康的影響。同時我也領導倫敦空氣監測網絡，這是全歐洲最大的都會監測網絡。過去二十五年來我持續追蹤倫敦人所呼吸的空氣變化，提供資料給政府，並且和世界各地的健康學者與空汙科學家們合作。我發現到倫敦過去的工業排放及汽油燃車汙染問題已經被柴油汙染和家戶燃木問題所取代。世界上有很多人視倫敦低排放區為空汙控制實踐的模範，但如果真的那麼有效，為什麼倫敦市民仍然深受髒空氣所苦？撰寫本書讓我得以探索全球空氣汙染問題的真實樣貌。除了倫敦，我將帶讀者從巴黎和洛杉磯，到印度和紐西蘭，讓你對現代空氣汙染有更多的了解。倫敦和洛杉磯的煙霧、斯堪地那維亞的森林枯梢病、福斯汽車醜聞，以及近期的東南亞汙染問題都再再催促著人類採取行動。書中也將討論空汙對健康的影響、空汙控制議題上複雜的政治考量變化、大眾健康與政府政策之間的對抗，還有既直白又關鍵的一點：在所有問題發生初期總是視而不見的否認心態。許多不公不義的現象發生在空氣汙染領域。汙染者將廢棄物傾倒在大氣之中，不但破壞人類的共享資源還規避了大部分的成本；呼吸著髒空氣的我們每個人都以健康和稅金為此付出了代價。

「空氣汙染」到底是什麼？你腦海中可能飛快浮現出幾個畫面，像是冒著煙的汽車排氣管或工廠煙囪。空氣汙染的來源有很多，有些耳熟能詳包括交通、工業，以及燃媒。有些則比較鮮為人知像是農業、木材燃燒，還有火山。石油的使用、空氣中形成的汙染物，以及自然界中的汙染屬於共同汙染問題。但同時每個地區的空氣汙染問題本質又大相逕庭，取決於氣候、空氣流動方向，以及當地政府如何管理廢棄物的空中排放方式等因素。

你不需要化學或物理背景也能閱讀本書；它的內容主要是在探討日常生活中可見的汙染源、我們所呼吸的空氣，還有汙染對健康的危害三者之間的關聯。書中將會大量提到懸浮微粒汙染；細懸浮微粒被吸入後可以直達人體肺部。懸浮微粒的來源除了燃燒煤炭和柴油廢氣，也包括其他汙染物在大氣中合成的懸浮微粒。有些汙染物是氣體，像是歐洲柴油廢氣的主角二氧化氮，還有燃燒含硫量高的油與煤炭時產生的二氧化硫。臭氧也會在書中登場。一般人對臭氧的印象多半來自北極和南極的臭氧層破裂問題，但其實地平面的臭氧對肺部會造成嚴重傷害，並且影響農作物生長。

科學家們自中世紀以來便開始研究空氣汙染的影響。漸漸地，我們只把眼光放在種種最新發現上，歷史的教訓經常被遺忘，但後者其實和人類今天所面臨的挑戰息息相關。過去那些在實驗室用自製玻璃器品親手製作樣本並且用計算尺測量結果的科學家們，我仍然不時驚豔於他們所展現出的洞察力。這本書也會談到過去的一些調查和發現，告訴你這些科學家們的故事。

然而來到空氣汙染對人體健康的殘害，相關見解卻不可思議地缺席了好幾個世紀。聽起來或許荒謬，但一直到一九五〇年代空氣汙染對健康的傷害才獲得承認，而我們也還在摸索學習。二〇一六年皇家內科醫學院（Royal College of Physicians）發表了最新研究，顯示空氣汙染的影響是一輩子，從胎兒在子宮期間開始，接著侵害兒童肺部，最後導致成人時壽命縮短。

目前在對抗空汙的議題上已經有許多號召行動，但正面的成果並不多見。有些計畫的成效不如預期，有些則反而帶來新問題。空氣汙染和氣候變遷以及打造健康居住城市一樣，都是急需處理的全球性挑戰。

這本書從中世紀倫敦談起。我將說明科學家對空氣理解的演變，還有被社會所忽視的種種警訊。一九五〇年代，造成高達一萬兩千人死亡的倫敦煙霧和刺眼的洛杉磯空氣終於推動了各項管制空氣汙染的行動，書中也會加以討論。接著我們將焦點轉移到今日要確保空氣品質所面臨的種種挑戰。

和我一起踏上這段旅程，從過去和現在的煙霧出發，邁向空氣更為潔淨清新的未來。

第一部

警訊：從中世紀倫敦到碗豆湯

第一章 早期探索者

你可能以為空氣汙染是現代才有的問題，或者至少是上一個世紀才發生的。如果說其實早在十七世紀空氣汙染就出現在文章裡，你是否感到訝異呢？

想像數百年前倫敦的生活環境並不容易。參觀以前的華宅及教堂能夠得知過去的建築風貌，但是想像人們的日常生活還有當時所呼吸的空氣則困難許多。一六六一年時日記作者兼園藝家約翰．艾佛林（John Evelyn）寫了一篇關於倫敦空氣汙染的評論，寄給了國王查爾斯二世（Charles II）以及國會。文章標題為「防煙：或，論倫敦空氣與煙霧帶來的不便與建議對策（Fumifugium: or, The inconveniencie of the aer and smoak of London dissipated together with some remedies humbly proposed）」[1]。文章介紹信中生動地描繪了當時的空氣汙染情況（也拍了點馬屁）：

「某日，當我走在陛下的宮殿，有時我會來此欣賞您的宏偉風采，我看到可怕的濃煙從諾森伯蘭之屋（*Northumberland House*）和蘇格蘭場（*Scotland Yard*）中間的一、兩條隧道中冒出。煙霧如此濃密，充滿了所有的房間、畫廊，和整座宮殿，人們幾乎看不見彼此。真是如此，他們甚至必須掙扎著站起。」

倫敦當時經歷了一場能源革命。倫敦市周遭的森林濫伐問題導致木質燃料出現短缺，於是人們先是燃燒木炭，接著則轉用從英國東北部海運來的煤炭。這不是煤炭第一次被當成能源燃料。西元八二五年就有一張彼得伯勒修道院（Peterborough Abbey）的僧侶進口十二車煤炭的收據。但煤炭一直是名符其實的骯髒能源；一二五七年時亨利三世（Henry III）的妻子艾莉諾（Eleanor）就因為燃煤產生的煙霧而被迫搬離諾丁漢城堡（Nottingham Castle）。過去主要用於打鐵舖和石灰窯的煤炭，從十七世紀開始漸漸成為倫敦的主要燃料。在此之前，當木材還是主要家用燃料時人們鮮少關注煙囪的結構，可是燃煤所產生的煙霧需要更高更精巧的煙囪[2]。在這座快速發展的城市，空氣質量的變化顯而易見。艾佛林對王國中心區的描述彷彿是但丁所形容的地獄場景：

「當濃煙從污黑的囪口噴出，倫敦市更像是艾特納火山（*Mount of Etna*）、火神的宮殿、斯通波利火山島（*island of Stromboli*），甚或是地獄的邊緣……因為，儘管英格蘭其他地區的空氣仍舊明朗潔淨，倫敦富含硫磺的雲霧是如此厚重，連陽光都難以穿透……這種災難性的煙霧正玷污著倫敦市的榮光，在所有城市的燈具上強罩了一層煤黑色的殼、破壞了人民的屋舍、侵蝕了餐具、金銀器皿，還有家具。由於伴隨硫磺而來的腐蝕性物質，它甚至能侵蝕鐵條以及最頑強的岩石。」

艾佛林在自己的家鄉德特福（Deptford）打造了倫敦最精緻的花園之一，薩耶斯庭（Sayes Court）。他能親眼看見空氣汙染對自然環境的影響。他發現倫敦的汙染：

「不利於我們的鳥類、蜜蜂，和花卉；花園裡的植物不再發芽、成長，或成熟。因此，除非移植到溫室當中並且細心呵護，否則不管投下多大的心血，無論是銀蓮花或其他受歡迎的植物都無法在倫敦及其周圍生長。這也意味著，即使長出少得可憐的果實，味道也是苦澀、難以下嚥，而且永遠沒有熟成的一天。因為它們就像索多瑪的蘋果（*apples of Sodom*，譯按：出自《創世紀》。傳說罪惡之城索多瑪的蘋果樹會結出鮮豔美麗的果實，但一摘下來就化為灰無法食用。），一碰就掉落塵土中。」

和現代流行病理學家一樣，艾佛林利用死亡紀錄來驗證倫敦空氣品質對市民健康的影響[*]。自一六〇一年起，詹姆士一世（James I）要求教區執事每週公布出生及死亡名單，稱為死亡統計表（Bill of Mortality）。為了確認死亡原因，「檢查員」則受雇來檢查屍體，多半由年長女性擔任。市政員工最後彙整各教區所記錄的資料，販售給想要了解並且避開鼠疫流行地區，或者判斷何時該從都市撤出的倫敦市民。零售商人約翰・格朗特（John Graunt）將約五十年左右的死亡統計表數據濃縮成簡單的死因分析圖表。鼠疫盛行之年的主要死因不言自明，但艾佛林是依據每一年因為慢性病而死亡的數字來證明空氣汙染的影響：

「藉由削弱人們對傳染病的抵抗力，它（最終）侵蝕肺部；這是無法醫治的問題，許多人死於長期重度的肺癆，證據就在每周的死亡統計表裡…倫敦死亡人口中幾乎有一半是死於喉嚨或肺部疾病。住在這裡的人從來不曾擺脫過咳嗽或慢性風濕的糾纏，也逃不開口吐臭痰的情況[†]。」

神奇地是，即使有證據相佐，當時的人普遍認為煙霧對倫敦居民有益。艾佛林說自己冒著風險「被整個學術界拒絕，特別是內科醫學院。因為他們不認為煙霧如我所說的造成病痛，反而相信能預防身體發炎。」

相信空氣汙染能保護人體的觀念來自於發現細菌之前所流行的瘴氣理論。瘴氣指的是生物材料腐爛和發臭時所產生的空氣傳播物質，任何地方都可能產生瘴氣。在鄉下，瘴氣來自沼澤濕地；在城市，瘴氣來自腐敗的食物、馬糞、排泄物，甚至口臭。當時認為只要吸入一口瘴氣就會導致發酵病，一種人體內部的發酵或腐敗，而且可以傳播給他人，這同時解釋了一些疾病的明顯傳染性。霧被認為和瘴氣相關，兩者都來自於沼澤及濕地。十六、十七世紀鼠疫肆虐倫敦時，人們會在大街上燃燒煤炭來驅逐瘴氣和淨化空氣[3]。

---

* 艾佛林指的應該是約翰·格朗特在一六六二年出版的《關於死亡統計表的觀察（Observations Made Upon the Bills of Mortality）》，文中彙整了五十多年的每周死亡統計，分類整理出八十一種死因。關於格朗特著作的討論在此：http://www.bmj.com/content/bmj/346/bmj.e8640.full.pdf

† 原文中所提到的病症更加恐怖：「肺結核和肺炎的困擾，咳嗽與長期風濕症，口吐發炎腐臭之物。」

空氣自古以來就和土、火、水一同被視為四大元素之一，但人們並不理解更整體的大氣觀念。在一六四四年，義大利物理學兼數學家伊凡傑利斯塔·托里切利（Evangelista Torricelli）寫了一封重要的信給他的朋友，身兼數學家與羅馬紅衣主教的米開朗基羅·里奇（Michelangelo Ricci），信中宣稱：「我們生活在空氣元素之海的底部。」托里切利當時正在研究如何從深井底部抽水的問題；在當時，一旦井深超過九公尺就無法辦到。托里切利沒有用大型水井做實驗，反而做了一個小模型並且用水銀取代水。實驗時他在一根管子裡注滿水銀，手指壓住開口端然後把管子倒置插入另一個也裝滿水銀的盆子。管子的長度為二腕尺（大概介於一一〇到一二〇公分）。管中的水銀並沒有完全流散，而是下降一半高度，留下上方的真空。以前也曾做過相同實驗，但是托里切利的看法是上方這一段空隙不會是大氣真空的產物；因為真空狀態既然空無一物，也就不可能發揮任何作用。相反的，「在水盆中液體的表面之上，壓覆了五十哩高的空氣質量。」

托里切利改變了人們對空氣的看法。管子裡的水銀高度就是我們用來測量大氣壓力的單位[4]。這樣簡單的氣壓計可以在任何地方製造，而且接下來的幾個世紀中大氣壓力都是用水銀的高度來測量。

托里切利寫那封信的四年後，布萊士．帕斯卡（Blaise Pascal）更進一步推展了托里切利的發現，證明每個地方的大氣壓力並不相同；氣壓會隨高度而下降。法國人帕斯卡從小便是神童，尤其在數學方面，不過他也研究液體壓力的物理學。你可能還記得學校有教過帕斯卡定律（Pascal's Law）：密閉容器中，在液體上任何一點施加壓力，壓力會以相同大小傳遞到液體的各個方向。帕斯卡想到把氣壓計帶到山上，但不是自己執行。他請求住在法國中部克里蒙（Clermont）的姊夫佛羅林．佩西耶（Florin Périer）進行這項實驗。於是一群人在佩西耶的花園會面，裝滿數隻水銀氣壓計，水銀柱的氣壓高度為七一〇毫米。其中一根氣壓計留在花園裡並且全天候監測；氣壓高度始終維持不變。另一根氣壓計被帶到多姆山山頂（Puy-de-Dôme），此處如今以環法自行車賽（Tour de France）中富挑戰性的爬坡路段而世界聞名。在高出佩西耶花園五百噚（約九百公尺）的多姆山頂，氣壓計的水銀高度變成六二五毫米；山上的大氣壓力下降了十二％。佩西耶對此讚嘆不已，因此一次又一次的嘗試。為了追求更正確的結果，他甚至爬上克里蒙大教堂的屋頂測量氣壓的變化。

當時人們對大氣中的化學成分並不了解。雖然人類已知用火數千年，但連空氣在燃燒作用中扮演的角色都未曾發現。如果盯著柴火看，火焰似乎是從木材內竄出，跳著令人目眩神迷的舞蹈。空氣的明顯作用只是散開火焰並帶走煙霧。這種觀察見解造成十五世紀時巨大的科學錯誤轉折：燃素理論*。

燃素被認為是物質構成的元素之一，會在物質被燃燒時釋放出來。當燃素完全離開後，燃燒便會中止。因此火焰並非空氣中氧氣產生的化學反應，而是燃素的活躍釋放過程。有些實驗支持燃素理論，像是水銀被燒成灰，燃素釋放完畢後，水銀灰和木炭一同加熱又恢復成了液體，因為木炭明顯富含燃素。弔詭的是，燃燒後的水銀灰並沒有因為燃素被釋放而變輕，反而比燃燒前還要重，但這個事實被忽視了好一段時間。

直到一七七〇年代科學家發現了空氣中的氧氣和氮氣，對大氣的化學探索才正式展開。我們上頭的空氣決定了氣壓，但是從化學角度來看，不同地點和不同時間點的空氣會有不同嗎？這是維多利亞時代科學家羅伯特·安格斯·史密斯（Robert Angus Smith）決心研究的問題。

史密斯在一八七二年著作《空氣與雨：化學氣候學的起始（Air and Rain: the beginnings of a chemical climatology）》[5]的序言中講述了自己與物理氣象學家約翰·道頓（John Dalton）的對話，後者當時正在進行氣體混合實驗。道頓主張「化學實驗無法區分都市裡的空氣和赫爾維林峰（Helvellyn，英格蘭第三高峰）上的空氣。」這段對話是史密斯科學事業的轉折點。他以研究空氣化學成分為使命，在不列顛群島進行系統化的調查。史密斯每到一個地點就把當地的空氣密封入玻璃管中，然後送回實驗室。他測量了本尼維斯山頂（Ben Nevis），還有伯斯（Perth）與格拉斯哥（Glasgow）街道上的空氣；也拜訪了倫敦海德公園（Hyde Park），以及幾乎所有介於兩者之間的地點。為了研究，他甚至遠赴瑞士測量沼澤的空氣。但是誠如道頓所言，所有戶外空氣的氧氣含量變化都不超過〇・二%。史密斯注意到醫院病房和牛棚中的空氣比起其他室內空氣有些許差異，但是直到礦坑和房間內的蠟燭因為空氣不足而熄滅他才看出整體百分比的不同。

然而，史密斯不相信每個地方的空氣都相同；他的理論是細微的差異正是重要之處，包括那些佔不到空氣分子百萬分之一的雜質。他抱持這樣的信念，繼續自己的研究之路。首先，他把目光轉到碳酸上，也就是二氧化碳溶於水時形成的酸。他發現有些地方的空氣盒中二氧化碳的含量差異很大，包括倫敦河岸劇院、醫院病房，還有地下鐵的二等車廂（目前這些路段屬於倫敦地鐵環狀線的一部分）。他還在家裡打造了一個電話亭大小的鉛製密封室，

* 關於燃素理論的精采辯護和摘要：https:// thonyc.wordpress.com/2015/10/23/the-phlogiston-theory-wonderfully-wrong-but-fantasticallyfruitful/

在裡面坐上好幾個小時，呼吸著逐漸變化的空氣。但是，要吸光密室內所有氧氣實在太耗時了。為了更快得出結果，他說服其他人一起加入待在密室裡直到大家幾乎感覺不到自己的脈搏（這些志願者事後會獲得一頓大餐作為獎勵，但有時候他們病得無法吃飯）。最後，史密斯把注意力放在他稱之為城鎮空氣的雜質上頭——也就是現在所說的空氣汙染。運用簡單的數學*他找出了利物浦和曼徹斯特兩地和鄉間相比之下多出的二氧化碳量以及兩地燃煤噸數這兩者之間的關聯。史密斯絕對是全世界最早研究碳排放之一。重要的是，從空氣汙染角度來看，他發現煤煙同時含有大量雜質包括金屬化合物、硫磺、氯化物，還有汙染城鎮的酸性氣體。這些發現終於讓史密斯證明了道頓是錯的，空氣的確因地而異。

一八五九年英國下議院的一項委員會調查案做出如下結論，「相較於自然界的空氣，城市的空氣對肺部並無影響」。調查報告的論點反而認為，生活條件及職業才是城市居民健康比鄉下居民惡劣的原因。無法確認空氣汙染對健康的影響將是本書中反覆出現的場景。不得不承認，史密斯的確調查了這些雜質和人的健康狀況是否相關。為此，他用自己進行了更多實驗。史密斯不再使用他的密閉鉛室，而是拿空氣樣本和他自己的稀釋血液混合。煤煙中的酸性氣體讓血液的顏色更加鮮紅；而剔除了酸性氣體的剩餘空氣，則會讓血液樣本變得黯淡。史密斯認為血液變紅是件好事，而被某些人視為有害的酸性氣體雜質則可能解釋了「更強的系統躁動狀態，這正是城市生活的特殊性」。因此受汙染的都市空氣或許是城市人口的活力關鍵，不是有害物質。

這樣的看法反映了當時的醫學觀點。雖然細菌的發現已經挑戰原本的瘴氣理論，人們仍普遍認為煙霧是好事。就在幾年前，也就是一八四八年，外科醫師約翰·阿金森（John Atkinson）建議結核病患者應該吸入煤煙及其他化學物質。在他看來，礦物雜酚油、焦油、瀝青，和石腦油都可以遏止結核病惡化。

史密斯進一步研究了雨水並創造了酸雨一詞。他觀察到富含硫磺的雨水對建築物石材的破壞，但得出的結論卻是雨水有消毒作用，能殺菌或直接治癒疾病[6]。他也注意到土壤能去除雨水酸性，使其能再度被飲用。酸雨對森林和河流的傷害則還要過一百年才為人發現。史密斯後來擔任鹼監察局（Alkali Inspectorate）首位局長，該機構是早期的工業汙染監理機構。在他的指導下，監察局以彬彬有禮的方式來執行法規，理由是與其鬧上法院或交付罰款，最好是企業家們願意投資自家工廠的汙染淨化設備。這種看法依舊存在於今日的工業排

---

* 現代的擴散模式中稱之為箱型模式。

放管理中[7]。

史密斯並不是唯一一個研究我們周遭空氣的人。在他的著作出版十年之後，蘇格蘭人約翰．阿特肯（John Aitken）著手研究空氣中的煤煙顆粒。阿肯特出生於福爾科克（Falkirk），自小夢想成為工程師。自格拉斯哥大學畢業後他成為了海事工程師，但後來因為健康因素不得不放棄。於是他轉而投入科學研究。把自己的繪圖室改裝成工作室兼實驗室，窗前放了一張車床，房間裡擺了不少木頭長凳以及好幾座放滿了溫度計和氣象儀器的木頭櫥櫃。由於先前的工程訓練，他的第一項工作是閥門，再來是對顏色的感知，但他最出名的研究則是雲和霧。為了研究雲霧，阿特肯發明了在繪圖室製造雲和霧的方法，而且還意外地找出看見空氣中微小粒子的方法。通常，就算是功率最強的顯微鏡也因為可見光的波長而限制了能見度，看不到這些微小粒子。但是在霧室之中他發現每一顆液滴都是圍繞著一小顆微粒成形，因此突然間肉眼看得見這些數量驚人的微粒：「在氣體燃燒的夜晚，一立方英吋的空間內應該有和英國居民數量一樣多的灰塵顆粒。而一個三立方英吋大小的本生燈燃燒後氣體中，顆粒的數量則等同於全球人口數量。[8]」

阿特肯的儀器很簡單。他把空氣放入密室中然後滲入水蒸氣；接著抽掉點空氣降低壓力，然後微小的液滴成型，每一滴的中心都是一顆微粒，在顯微晶的載玻片上變得可見也可計數*。阿特肯的最大貢獻在於幫助我們理解了雲和霧的形成†。不過，和史密斯一樣，阿特肯也到戶外調查空氣。他顯然無法帶著密室大小的儀器到處跑，於是他發明了口袋版本，大約是雪茄盒大小。阿特肯計算了蘇格蘭各地，還有本尼維斯山觀景台的空氣微粒數量。一八八九年到一八九一年之間的每個春天，他都帶著口袋儀器展開歐洲之旅，去過阿爾卑斯、義大利、巴黎，還有倫敦。在倫敦‡和巴黎他發現每立方公分的空氣含有介於四萬到二十一萬個微粒，這和西元兩千年左右所計算到的倫敦微粒數量差不多。有趣的是，他同時發現空氣污然不只盤踞在都會和城鎮；從大西洋吹來的風是乾淨的，但從城市吹出去的風則含有非常多的微粒[9]。

---

* 現代微粒計算器的原理其實大同小異。空氣通過充滿丁醇的細管然後加以冷卻。丁醇會在顆粒表面凝結，於是微粒膨脹到雷射可偵測的大小。丁醇比水容易凝結，所以即使味道難聞仍然是首選材料。

† 很奇特，雲和霧無法在絕對乾淨的空氣中形成，它們需要微粒作為凝結核。十九和二十世紀時，倫敦及其他工業城市好發大霧的部分原因是空氣中汙染微粒的數量高。

‡ 他的倫敦空氣測量有一些是在維多利亞街上的窗邊進行。二十世紀後半葉的空氣汙染測量也是用同一條街的窗戶，包括對一九九一年煙霧的追蹤調查。

除了研究煙霧顆粒和硫磺，維多利亞時代的科學家也非常關注空氣中的臭氧。臭氧最早是在一八四八年由巴賽爾大學（University of Basel）的化學教授克里斯汀・佛里德里奇・尚班（Christian Friedrich Schönbein）分離而出。尚班在自己的實驗室中以電流穿過水中製造臭氧。他很快察覺到臭氧，因為聞起來有一股和大雷雨過後相似的味道；今天我們也可以在影印機室聞到類似氣味[10]。臭氧是氧氣的形式之一；和平常由兩個原子組成的氧氣不同，臭氧帶有三個原子。這種組合型態並不穩定，因此臭氧分子是很強的氧化劑，容易和許多物質發生反應以排除多餘的氧原子，包括在人體的肺裡面。

過去臭氧並未被視為有害物質。在維多利亞時期，到英國海邊呼吸空氣、吸收臭氧被認為是增進健康的行為。即使在今天，人們到了多賽特郡（Dorset）的萊姆雷傑斯城（Lyme Regis），還是可以沿著臭氧排屋（Ozone Terrace）散步，邊吃冰淇淋邊欣賞海景。很可惜，臭氧和海邊的連結可能只是人們對海岸城市氣味的誤解，利用臭氧來做為招攬觀光客的行銷手法。尚班非常強調以氣味來偵測臭氧。海邊的氣味的確和臭氧相近，但我們聞到的其實是海藻上細菌跟微生物所產生的氣體，而不是臭氧本身*。事實上，地面上的臭氧對人體傷害很大，和歡樂海灘時光八竿子打不著。就算早在一八五〇年代中期科學家已經發現吸入大量臭氧會造成胸痛，而且呼吸了臭氧的兔子和老鼠馬上死亡[11]，臭氧對人體有益的觀念仍然廣為流行，這得再次歸功於瘴氣理論。

從一項實驗中我們可以清楚看到瘴氣理論是如何統一當時互相衝突的臭氧正反看法。一八六六年，物理家兼公共健康專家班哲明・沃德・李察森（Benjamin Ward Richardson）正在研究瘴氣。他的瘴氣來源是一瓶八年之久的腐敗牛血，根據他的說法，能產生令人作嘔的氣味；這股味道的本質，我還是留給讀者們自行想像。當這股味道和高度活躍的臭氧混合後，腥臭消失了。當代也有一些廚房抽油煙機利用高活性臭氧來消除氣味，但李察森認為該現象是瘴氣遭到破壞，進而深信臭氧能改善都市的空氣品質。他甚至曾建議成立臭氧公司，專門輸送臭氧到肉店和蔬果店來保持產品的新鮮，並且提供家家戶戶彷若海邊的空氣[12]。

另一個證明臭氧被認為有強大功效的證據來自倫敦聖蓋爾斯區（St Giles）爆發大宗回歸熱案例的時候。當時的人認為這是瘴氣引起的一種發酵病，因為在潮濕擁擠的宿舍中傳播尤其快速。該區的醫務官喬治・摩斯醫生（Dr George Moss）推斷，回歸熱的案例增加是因

* 近年來，海邊氣味被認為是來自於海藻和鹽沼中的二甲基硫醚：http://www.uea.ac.uk/about/media-room/press-release-archive/-/asset_publisher/a2jEGMiFHPhv/content/cloning-the-smell-of-the-seaside

為城市裡的臭氧量因為煤煙和煙霧而下降。我們現在已經知道這種病是經由蝨子和跳蚤叮咬傳播，無關空氣品質。但回歸熱的環境證據剛好符合當時的主流說法，認為空氣汙染的風險來自於腐臭氣味。

臭氧是最早開始做定期監測的空氣汙染物之一。一八七六年起，蒙蘇里觀測站（Observatoire de Montsouris）和巴黎近郊每日測量臭氧含量長達三十四年之久。每一天，採樣器被放置在房間陽台讓其中的液態試劑吸入空氣。這些檢測結果後來在巴黎市統計局躺了將近一百年才被德國科學家安德烈．沃茲（Andreas Voltz）和狄耶特．克雷（Dieter Kley）重新發現。解讀這些數據並不容易。沃茲和克雷必須依照圖樣自己做出當時的採樣器，然後煞費苦心地重現過去的實驗方法。最後得出令兩人震驚的結論。和十九世紀的巴黎測量值相比，二十一世紀的測量值有了巨大改變。今日空氣的臭氧平均濃度大概是一百多年前的兩倍[13]。

煙霧已經成為十九世紀倫敦的特色。它們出現在福爾摩斯的故事裡，也出現在狄更斯和其他當代作者的筆下。煙霧和正常的霧不同，特別是顏色。出現過的形容就有黃色、棕色，和橘色，甚至還有了「碗豆湯霧（pea-souper）」一詞。藝術家莫內於一八九九到一九〇三年間來倫敦畫下這座被煙霧壟罩的城市。如今，許多版本的國會大廈日落畫作在世界各地的藝術館展出，而他所畫的滑鐵盧和查令十字橋則展現了充滿黑色煤煙的灰黃色天空。

煙霧無疑地造成傷害。一八七三年的濃霧導致十五人淹死在北碼頭（Northside Docks），兩個人走進了沃平區（Wapping）的河，還有兩名工人因為跌落攝政運河（Regent's Canel）身亡。有數不清的故事是關於人們迷路了因此下車來打算牽著馬走路，結果找不到自己的馬跟車，也看不到身邊任何地標。煙霧不僅僅出現倫敦。舉個例子，一八八〇年代史密斯就彙報了「曼徹斯特的煙找不到散逸口⋯人們的眼睛劇痛，在路上看到馬伕們大白天帶著馬走進店裡休息─我們幾乎不能感受到陽光。[14]」不消說，濃霧出現也是扒手和小偷們一展身手的大好機會。

因此，隨著維多利亞時代的結束我們對空氣汙染的知識也快速地增加。空氣裡的所謂雜質第一次獲得了測量，還包括各地雜質的不同，但我們還是不瞭解雜質在不同時間的變化。阿特肯和史密斯的歐洲之旅主要在夏季，那這些地點在冬天時的空氣汙染呢？是否有些城市比較嚴重？這些問題一直到下一個世紀才有了解答。這些早期探索者教導我們的重要一課是，空氣汙染不不僅止於城鎮和都市。但我們將在第六章中看見，這個教訓在未來許多年間都被遺忘。雖然煙霧造成種種不便還引起眼睛和喉嚨的病痛，但由於瘴氣理論的流行加上誤以為某些空汙物具有消毒效果，人們只覺得空氣汙染很不舒服卻不具傷害性，甚至對健康有益。煙霧其實是隱形殺手的真相，要再過五十年才被發現。

第二章　被忽略的警訊

從許多方面看來，英國在二十世紀上半葉的空氣汙染其實是維多利亞時代的延續；城市中空氣汙染的成長曲線大致相同，就像一艘航向冰山的船。約翰．史威則．歐文斯（John Switzer Owens）一腳踏進這段迎向撞擊的航線。沒有人能夠超越他對空氣汙染科學轉型的貢獻，從維多利亞時期的紳士風格調查邁向一套系統化的全國性監督計畫。歐文斯沒有靜靜守著自己的發現。透過各種反煙媒運動、書籍、與科學團體對話，還有提供給政府的報告，他想盡辦法讓空氣狀態的證據呈現在世人眼前。科學期刊《自然（Nature）》形容他是「最有幫助和具備公眾精神的科學家」，他以「勇往直前的精神研究大氣汙染⋯歐文斯的發明能力、倍受爭議的資料收集，以及個人熱忱使得大不列顛在大氣汙染的理解上遠遠領先世界上其他國家。[1]」

歐文斯在一八七七年出生於愛爾蘭的恩尼斯科西（Enniscorthy）。他非常有天分，受過醫師和工程師的專業訓練。歐文斯的事業起步於都柏林聖三一學院（Trinity College Dublin）的醫學學位，但五年後放棄醫學轉而投入工程學，研究海岸防禦和採礦設備。一九一二年，歐文斯所參加的煤煙減排協會（Coal Smoke Abatement Society）在倫敦舉辦了一場國際展覽。該協會成立於一八九八年，致力於社會改革與維多利亞時期的慈善活動，和當時許多有影響力的人物都有來往。國家信託基金（National Trust）創辦人奧克塔維亞・希爾（Octavia Hill）心有戚戚焉，因為到德國紐倫堡旅行時發現當地的空氣潔淨，和汙染嚴重的家鄉英國截然不同。劇作家蕭伯納也和協會有聯繫。他曾經在某一次演講中解釋健康及乾淨的秘密就是潔淨的空氣和衣服；有了這兩樣「你就像住在鄉下一般，再也不用洗澡，除了把後者當成展現良好教養的社交儀式。」經歷了數次更名，包括全國乾淨空氣協會（National Society of Clean Air）之後，該組織營運至今成為英國環境保護組織（Environmental Protection UK），是世界上最長壽的環保活動團體[2]。

一九一二年的一場空氣汙染意識推廣展覽及會議促使了英國氣象局（UK Meteorological Office）及一些市政機關共同成立了大氣汙染調查委員會（Committee for the Investigation of Atmospheric Pollution）。後者是志願性質組織，由醫學期刊《刺絡針（Lancet）》支持，歐文斯則是首任秘書長。起初他是無償擔任這個職務，後來一九一七年委員會被納入英國氣象局編制，他獲聘為兼職測量總監。十年後委員會的工作由政府接管，歐文斯成為了全職員工。

統一各個國家間的測量標準是早期任務之一。奇怪的是，測量空氣微粒汙染的第一套標準方法並非測量真正空氣裡的汙染*，反而是收集秤重飄落在地面上的汙染物[3]。最早的靈感來自一九〇二年時科學家們在曼徹斯特看見煤煙落在乾淨的白雪上。一九〇六年冬天時，實驗更進一步，開始在格拉斯哥各地用盒子收集塵土。歐文斯的收集器在倫敦四個地點的先行試驗中都改良到已臻完美。遵循維多利亞時代在自家實驗的傳統，先行試驗的地點之一就是歐文斯在倫敦南部郊區切姆（Cheam）的家[4]。喜劇演員東尼·漢考克（Tony Hancock）的粉絲應該都對虛構的切姆東郊非常熟悉；歐文斯住在北切姆，沃德沃斯大道（Wordsworth Drive）上名字很美的達芬妮小屋（Daphne Cottage）。

* 你或許以為測量空氣中的微粒汙染數量很簡單，應該就是直接拿濾器上的汙染樣本來秤重。但在二十世紀初期，夠精準的磅秤非常稀少。另一個難題則是濾器和微粒容易先吸收後散逸水蒸氣的特性，這個過程會影響汙染物的質量。有時候濾器充滿靜電以至於完全漂浮在秤盤之上，堅決不接受秤重。許多城鎮根本無法用這套實驗辦法建立起測量網路。

一九一二年英國建立了一套所謂落塵計的全國網絡，到了一九三六年已經在超過一五〇個地方進行測量。這時的測量十分基本；一個漏斗收集灰塵然後沖洗到下面的收集瓶中。如此一來可以收集到所有掉在地上的東西，包括被雨水沖刷掉的煤煙和塵土。在塑膠問世之前，空氣和雨水中的酸性造成很大的問題。早期落塵計被嚴重侵蝕導致必須上釉，造成形狀扭曲。每個落塵計周圍要加裝鐵絲網，防止鳥類棲息或在此排便。其他的難處包括：孩童朝落塵計擲石子，還有醉漢從酒吧回家的路上對著落塵計小便。保護落塵計不受傷害於是變得非常重要。

歐文斯的落塵計收集到了大量的灰塵。算起來，城鎮跟都會中每平方英哩都有好幾百噸的煤灰和塵埃掉落。但倫敦其實不是汙染最嚴重的地區。空汙排行榜的前幾名包括英格蘭西北部的玻璃製造鎮聖海倫（St Helens），一九一七年時每平方英哩上從天而降的煤灰和塵土竟然高達六一七公噸，平均每平方公尺上有四分之一公斤。家家戶戶不僅必須處理積在門口的煤灰堆，還有來自家火爐的落塵，因此維持住家清潔成了艱鉅的任務。這不僅僅是工業城鎮的問題，距離聖海倫大約十五英哩外的利物浦情況也差不多。

位於伍斯特郡（Worcestershire）的溫泉小鎮莫爾文（Malvern）曾經是清淨空氣的指標，被拿來和英國其他地區做比較。以英國全境的落塵平均值為基準的話，莫爾文的煤灰和落塵量只有五分之一到十分之一不等。

歐文斯的測量結果獲得的評價並非完全正面。他的同儕批評他是以容易被社會大眾理解的方法來呈現測量結果。有一位R．C．費德利克先生（R.C. Frederick）在一九二五年對公共事務分析師協會（Society of Public Analyst）演講時抨擊歐文斯過於危言聳聽：「以每平方英哩幾公噸為單位，雖然有利於宣傳，但從科學角度來看根本誇大了真實的形況。[5]」即便如此，歐文斯的設備直到今天還是在全球各地使用，主要位於採石場和礦坑。歐文斯測量方法的主要缺點是，只有最大顆粒的煤灰跟塵土會落入大型煙囪附近的地面然後進入落塵計中。只收集地面上的汙染物意味著歐文斯的注意力只會集中在當地的汙染源，於是形成了空氣汙染完全是城鎮的問題，和周遭地區不甚相關的觀念。歐文斯小心地追蹤測量結果，到了一九三六年他發表了過去二十五年來空氣汙染政策的治理成效，但結果並不令人驚豔。雖然倫敦、格拉斯哥等大型城市的空氣品質有進步，但英格蘭北部工業區像是利物浦、斯托克（Stoke on Trent）、聖海倫，和里茲（Leeds）等地反而惡化了[6]。以控制工業空氣汙染為主軸的空汙防制辦法顯然效果不彰。

歐文斯的第二項發明則強化了城鎮和都會是主要汙染區的看法。該儀器以水式虹吸管吸入空氣然後穿過白色濾紙。早期版本是在大型的密閉玻璃瓶中裝水，水排出瓶子的同時會將空氣拉過濾紙，濾紙會隨著煤灰含量多寡而變灰或變黑。後期的設備則會自動加水，然後根據計時器以類似馬桶水箱的設備每小時沖水，於是每個小時都能獲得空氣汙染的測量值。測量站的員工會對照濾紙的顏色和汙染顏色量表來得出空氣中的微粒數量。最後，電動沖水機取代了水式虹吸管。歐文斯的發明被稱為「英國黑煙（British Black Smoke）」，而且在未來多年的空汙研究中扮演了重要角色。

有趣的是，雖然立法和汙染控制都集中在工業，歐文斯的測量結果往往顯示出問題來自於其他方面。在許多城鎮空氣汙染的主要來源其實是家庭用火。英國自一九一四年開始將空氣品質納入政府調查項目。提出新煙害管制法的牛頓勳爵（Lord Newton）終於迫使政府在羞愧之下回應他的提案。政府既不支持也不反對法案，只是同意讓牛頓主持調查報告，採取拖延戰術。由於一次世界大戰的發生，委員會直到一九二一年才提出報告。在一次當代空氣汙染辯論的前驅中，牛頓的委員會直指「處理煙害之所以失敗的主要原因就是中央主管機關的無所作為。」，並要求政府制定更高額的罰金、更「實際」的新標準，才能更有效的管理工業排放，還有來自火車、汽車、貨車的廢氣。然而，在家庭用火方面該委員會只呼籲繼續研究以及新建屋舍採用無煙暖氣系統，並無任何其他行動。有鑑於倫敦和其他各地明顯的日常經驗，歐文斯對此提出批評：

「我們每個人都能清楚地意識到空氣中過量的雜質，因為刺痛的雙眼，因為不順暢的呼吸，因為充滿灰塵的鼻腔、衣物，和窗簾，也因為建築物和金屬的持續損壞。在某些特別的日子，好比一九二二年十一月十九日星期二，倫敦就付出了鎮日昏暗無光的慘痛代價[7]。」

正如我們接下來將看到的，政府始終不願意對家庭行為採取規範，即使這些行為已經影響了他人健康。英國政府對牛頓勳爵的報告完全無動於衷。《泰晤士報》則肯定該報告「對一個複雜問題做出了理性且具說服力的描述，尤其當中並未倡議浮誇手段。」日子還是照舊。工業家休．畢佛（Hugh Beaver）是下一屆一九五四年政府調查委員會的主席。他指出雖然牛頓的報告超過八十六萬字，但卻一直到一九三六年才出現了《公眾健康法（Public Health Act）》；即使如此，這項法案依然「充滿漏洞及異議」並且「未能達成目的」[8]。

歐文斯在一九二一年發明了第三種測量空氣污染的儀器，然而令人遺憾地，他的發現在接下來五〇年內都未受重視[9]。

誠如所有優秀的維多利亞和愛德華時代發明家，歐文斯利用自己的暑季休假進行實驗。他造訪了英格蘭諾福克（Norfolk）海岸的荷姆（Holme），以測量海灘的空氣污染為娛樂。

荷姆離大型城鎮還有工業區都非常遙遠，夏天時非常暖和因此也不需要在家中生火。歐文斯的測量結果令人吃驚。一般的理解是，想要乾淨的空氣你就得去鄉下；因此歐文斯預期這趟海灘假期的空氣應該非常清新潔淨。

歐文斯的新發明和前兩個儀器不同；這一次不是測量飄落地上的大煤灰也不是黑色微粒，而是所有在空氣中的微粒。類似自行車打氣筒的活塞將空氣吸入設備內，經過潮濕的隔間，然後以加快到接近音速的速度把空氣快速打到顯微鏡的載玻片上。通常經過二到二十回合的快速打，氣候樣本就完成了。歐文斯會在載玻片上方蓋上一片玻璃，然後帶回家中的顯微鏡觀察。

出乎他意料之外，諾福克海灘的藍色薄霧裡原來充滿了微粒；每立方公分中就有數百個微粒之多。但它們究竟從哪裡來？

為了解開謎團，歐文斯首先從氣象資料下手。個性務實的他以計算薊花冠毛飛越五十五碼沙灘所需時間來測量風速*。回到家後他結合自己和附近海防站的測量資料，就能推算出過去的風速。有時荷姆鎮出現霧霾的日子，風是來自於中部和約克郡的工業區，但是那些汙染最嚴重的日子，風其實來自於歐洲大陸，絕大多數是五百公里之外的德國工業區。

有了空氣汙染不僅限於城市的新認知，歐文斯進一步著手研究。他發現倫敦的空氣汙染漂流了三百公里來到戴文（Devon），而英格蘭中部的汙染則跑到了南部海岸。他甚至發現西威爾斯彭布羅克郡（Pembrokeshire）的聖戴維角海岸（St David's Head）在白天出現「像煙霧般濃厚」的霾，來源是四百公里外的倫敦[10]。

歐文斯的儀器還能測量空氣中微粒的大小[†]。他計算後發現，由於這些微粒體積小，可以在空氣中飄浮五到十日，足以來一段長途旅行。他在假期中測量到的汙染和城鎮旁以噸計的落塵不同，根本不一樣。因此很難相信所有的微粒都是來自工業汙染。不過，這些薄霾都是出現在工業區和城市的下風處，所以一定和煤的燃燒有某種關係。一九二一年的煤礦罷工更支持了這個理論。停止燒煤之後，人們可以看見周圍的世界出現奇蹟般的變化，不僅是煙霧消失，甚至還能看見過去從沒見過的遠方山脈和市鎮[11]。

---

* 我們不清楚歐文斯是否有家人的幫忙。他與妻子沒有自己的孩子，不過追逐薊花冠毛是很適合孩子的遊戲。

† 主要為直徑介於〇·五到一·五微米的微粒。一微米是百萬分之一公尺或者千分之一公釐，大約是人髮直徑的五十分之一。

歐文斯結束諾福克假期後回到了位於切姆的家，但他日復一日的蒐集樣本。隔年三月發生了一件怪事[12]：空氣中微粒數量開始上升。但那並非家庭燃煤的旺季，而且增加的微粒也不是煤黑色。到了三月底，汙染倫敦的空氣微粒中有超過一半是透明的，並非煤灰。

歐文斯開始探索新微粒的來源。首先，他以為微粒來自住家附近，所以帶著儀器到十五公里外倫敦市中心的辦公室，想對汙染源進行三角定位。但很奇怪，後者也觀察到一樣的微粒。接著他跑到倫敦北部的聖奧爾本斯（St Albans）。距離他家六十公里遠，卻再度發現一樣的微粒。這種汙染顯然覆蓋了很大的範圍。

仔細近距離觀察，發現這種微粒中間有一小黑點然後周圍包著透明的膜。當時的科學界出現了各種看法。其中包括合理的推測像是花粉、孢子和細菌、油沫，或者爐灰；其他想法則有火山殘骸、外太空來的太陽塵，或是二氧化碳和水之間的不確定放射性作用所造成。總之，微粒的來源仍然是個謎。

喬城天文台（Kew Observatory）的發現則讓情況更加撲朔迷離。這是一座位於西倫敦郊區的白色大房子，離舉世聞名的植物園不遠。這棟白色房子自一七六七年起就是天文台，後來租借給不列顛先進科學協會（British Association for the Advancement of Science）作為物理學家的實驗室*。一九二〇年代後期，喬城的科學家注意到會干擾他們測量結果的不只是電車。他們小心偵測的空氣電子屬性†會在一日內循環變化，雖然不是絕對，但幾乎和他們使用歐文斯儀器所偵測到的煤煙微粒變化相吻合[13]。然而電子測量還透漏了更多訊息，即使是沒有黑色微粒的日子，空氣中依然有「其他」微粒，很接近歐文斯在海邊發現的微粒。更奇怪的是，資料顯示有些微粒會在中午消失，這一點也不符合城市煙害完全來自於燃煤灰燼的理論。空氣中微粒的來源顯然更為複雜。

歐文斯在他一九二五年的著作裡大篇幅地介紹自己的第三項儀器[14]。他的學術論文《空氣中的懸浮雜質（Suspended impurity in the air）》中附有詳細圖樣，任何人看了都能自己製造。他也出借儀器給世界各地的科學家。在葡萄牙、希臘、澳洲，還有北美洲都有人用儀器測量過，甚至是在飛機和熱氣球上。但是使用次數越多，測量結果所提出的問題似乎比答案

---

* 倫敦市區和附近電車網絡的擴張迫使天文台最後於一九二四年關閉。然而，作為其部分遺產，鄰近泰丁頓（Teddington）的英國國家物理實驗室（National Physical Laboratory）始終是世界一流的測量機構。參考 http://www.geomag.bgs.ac.uk/operations/kew.html

† 此處測量的是電位梯度。想要進一步了解可由下方閱讀理查・費曼（Richard Feynman）的授課內容 http://www.feynmanlectures.caltech.edu/II_09.html

還多。也許是這個原因，該儀器未曾流行。反而歐文斯早期發明的落塵計和英國黑煙設備後來成為英國和世界各地測量空氣汙染的通用辦法。黑煙法經過改良後，於一九六四年在巴黎被編纂為國際標準。在對抗空氣汙染的戰爭裡，我想不出比它更重要的儀器。

並非所有採樣行程都有好結局。有兩名科學家在熱氣球上採樣時被閃電擊中而身亡。

雖然當時醫學上有許多進展，但對於空氣汙染傷害人體的了解卻進展緩慢。一九二九年，曼徹斯特市的副醫務官J・S・泰勒博士（J.S. Taylor）在和煙害防治協會（Smoke Abatement Society）的會議中發言，內容可以說總結了當時對空汙的知識[15]。和過去的研究者一樣，他比較鄉村和城市間死亡率和嬰兒死亡率之間的差異。資料上看來，一九二三到二四年冬天的「黑霧」伴隨了呼吸系統疾病死亡人數增加的現象。但是冬天不僅霧濛濛，還非常寒冷，所以低氣溫被當成死亡上升的原因。泰勒解釋說疾病和煙霧的連結不是所呼吸的空氣，而是煙霧所造成的昏暗。

日光缺乏是很真實的現象，如今我們很難想像處於永遠昏暗的天空下是什麼情況。維多利亞氣象學家經常報告所謂的高霧阻擋了陽光。一八八一到一八八五年間，倫敦中心區的冬日陽光只有鄉村的一七％，雖然一九一六到二〇年已經進步到四五％[16]。更詭異的現象是瞬間的白日黑暗，天空迅速變黑，整座城市彷彿進入午夜。一九一二年和一九二四年都出現過白日黑暗的紀錄[17]。這造成早期發電場的大問題，因為無法提供照明需求激增所需的電力*。

當時認為黑暗對健康的影響有兩方面。第一是缺乏維生素D，造成許多兒童和成人罹患佝僂病。第二種影響則更直接；彼時太陽（或日光）療法被認為是肺結核[18]的有效對策（抗生素問世之前的醫療選項不多），因此煙霧瀰漫的城市又缺乏日照，合理解釋了呼吸系統疾病死亡數上升†。因此沒有錯，清理天空的確很重要，但不是為了呼吸。

除了歐文斯孜孜不倦收集了測量資料以外，接下來二十年內發生的一連串悲劇也帶來更多警訊，讓人們不得不直視空氣汙染造成的死亡。

---

* 一九五五年的一場高霧在下午一點造成天空完全黑暗。彼得・布林布勒科姆（Perter Brimblecombe）在精采著作《大霧霾（The Big Smoke）》中推斷，來自城市的煙到了奇爾特丘陵（Chiltern Hills，位於倫敦北部）後被拉高，然後再度飄回倫敦。二〇一七年時撒哈拉沙漠沙塵加上葡萄牙森林大火的煙造成了英格蘭南區出現白日黑暗。詳見https://www.theguardian.com/uk-news/2017/nov/12/ pollutionwatch-sepia-skies-point-to-smoke-and-smog-in-our-atmosphere

† 雖然我以此例來說明一九二〇年代完全不承認吸入煙霧對健康的傷害，今天醫學研究已經發現缺乏維生素D的確會導致呼吸系統疾病。

第一樁死亡事故發生於一九三〇年，在比利時介於于伊（Huy）和列日（Liège）間，工業化的默思山谷（Meuse Valley）[19]。一陣濃密的冬季煙霧滯留在谷中長達五天。好幾百人出現呼吸問題，緊接著六十個人接連去世。這些人的死亡過程很駭人：胸痛、咳嗽，然後喘不過氣，有些人甚至口冒白沫和嘔吐後才心臟衰竭而亡。許多牛隻必須被宰殺，剩餘的牲口則要趕到山頂高過濃霧的地方才撿回一命。

調查員推測了一些能造成這麼多起死亡的原因。戰爭遺留下來的毒氣武器是候選答案之一，但很快被否定。調查員發現原來更早的時候有過兩起類似事件；一九一一年時旁邊的側谷就曾有牛隻在濃霧中死亡。另外一起是氣體氫氟酸從山谷中的化肥工廠外洩，損壞了窗戶和燈泡，但即使這種事再度發生毒素也不足以毒害整個山谷。最後，苗頭指向了山谷裡的工業。調查的結論是，大量燃煤所產生的硫磺和煤灰極有可能是主因。調查報告中還包括了預兆般的警告，認為類似事件一旦發生在大型城市將造成更多傷亡；當時的預測是，同樣場景在倫敦的死亡人數可能高達三千二百人[20]。

第二起事件發生於十八年後，美國賓州的多諾拉市（Donora）。該市位在匹茲堡以南三〇英哩的山谷中，以鋼鐵高爐和鋅廠為主。一九四八年一場兩天的煙霧造成該地一萬四千人中一八人死亡，以及許多人回報呼吸困難[21]。

僅僅兩年之後第三起事件就發生在墨西哥主要石油生產區的中心，波薩里卡（Poza Rica）。一座用來消除惡臭硫化合物的工廠投入運行，雖然工程只完成了一半。廠方設置能燃燒掉有毒硫化氫的暫時系統，結果系統兩天後就失靈，毒氣外洩到了無風的城市空氣中。最後造成二二人死亡，三二〇人住院。調查報告的結論似乎過於輕描淡寫，只是建議工廠四周加裝警報器避免再次發生，而且「工業健康及安全條款可能要有所改善」[22]。

可惜這些事件的相關性在空氣汙染研究方面被無視。所有地點都高度工業化。雖然波薩里卡有工廠作業員確認是哪種毒氣，但默思山谷和多諾拉市的調查員則缺乏汙染測量資料來判斷有害物質為何。警訊於是被忽略。

第二部

開戰：在二十世紀的危害

第三章　大煙霧

今天，包括北京和德里的亞洲各城市煙霧照越來越普遍，這些煙霧來自微粒汙染，看起來像霾。倫敦惡名昭彰的煙霧則不同，它是燃煤時產生的煤灰與硫和水滴的結合體；倫敦工業和家戶暖氣所需的能源都來自燃煤。很難想像室外的霧會濃密到看不見自己的腳。同樣很難想像，在家裡緊挨著火爐取暖而窗外則壓著如黑夜的濃霧，就算是白天也如此。而霧也會溜進屋內。歐文斯說煙霧形成一股霾，瀰漫在他的客廳清晰可見；但煙霧在其他大型室內場所像劇院或電影院也非常明顯。

一九五二年十二月五號星期五，我的父親離開了位於南倫敦的工作地點，他跨入黑暗之中，並且瞬間意識到今天的這趟路和過去截然不同。大霧異常濃厚，周圍的世界彷彿消失一般。十七歲的他有著初生之犢的勇氣，照樣開始騎兩公里腳踏車回家。父親一路上小心地跟著路緣走，還能憑著計算經過了幾個路口來找方向，可是到了半路他發現馬路被一輛洗衣廠的送貨車堵住了。貨車司機完全迷路，看不見任何東西。他幫忙走在貨車前頭指引方向，後頭的司機則依循腳踏車燈及聲音前進。等到貨車終於抵達不到一公里遠的洗衣廠，已經遲到了兩小時。

那個星期五很顯然不會是與我母親一起在電影院度過的夜晚。戲院的告示板上終於別無選擇地寫上了大家都害怕的「戲院有霧」，表示別想看清楚螢幕。父親小時候非常頑皮，經常故意讓煙霧跑進電影院。他會溜下去打開一樓的大門，然後興味盎然地看著烏雲慢慢湧入直到被引座員趕走為止。那個周五夜，煙霧對倫敦劇院造成莫大影響。沙德勒之井劇院（Sadler's Well）因為煙霧太嚴重，歌劇《茶花女》第一幕結束就被迫停演；皇家節日表演廳（Royal Festival Hall）的包廂位置完全看不見舞台。周末足球賽被迫取消[1]。《每日電報（*Daily Telegraph*）》報導英國國家廣播公司交響樂團取消了現場直播，另外一場電台音樂會也因為首席鋼琴家找不到場地而取消。

關於濃霧影響健康的第一則新聞報導充分反映了英國人多麼熱愛動物。十二月六日星期六，《每日電報》報導一隻鴨子在西倫敦富漢姆區（Fulham）的濃霧中撞入約翰．麥克林先生（John Maclean）的懷裡。兩者都受了輕傷，鴨子則被送到了動物保護協會。然而，一直到新聞報導了史密斯菲爾德（Smithfield）農業展覽會上發生的事情，才發出了事情嚴重的第一個警告。為了周一的展覽會，動物們周五就被運送到會場。在類似二十一年前默思山谷煙霧事件的場景中，隨著煙霧逼進，乳牛們開始出現呼吸困難，伸出舌頭喘息著。官方用了整個附錄的篇幅紀錄煙霧在該展覽會對動物的影響。一百頭牛需要治療，六十頭需要獸醫照護，一頭死亡而另有十二頭必須人道宰殺。奇怪的是，綿羊和豬隻似乎沒有受到煙霧影響[2]。

隨著周末到來，英國史上非戰時期的最大災難粉墨登場。一九五二年煙霧造成倫敦死亡率上升了二．六倍之多[3]*。在自己的社區內聽到一周的死亡人數是兩倍或三倍其實不會有太大感覺，我們認識的人可能也都沒有受影響。在網路和家用電話出現以前，人們關在家裡躲煙霧，就算有熟人死亡也要好幾天後才會聽到消息。

---

* 一九五二年煙霧事件後有好幾篇論文和報告發表，內容包括空氣汙染、氣象學，和健康影響。衛生部一九五四年的報告《一九五二年十二月倫敦大霧期間的死亡率和發病率（Mortality and Morbidity During the London Fog of December 1952）》彙總了所有證據，是如今該事件最佳的參考文獻。可惜的是，紙本文件非常稀少，也不在國家檔案館的線上資料庫內。在此感謝已退休的同事史提夫．黑得利（Steve Hedley）借給我他的副本。

最早感覺到有大事發生的是醫院。濃霧期間越來越多病人湧入導致醫院應接不暇。很快地，每天都有接近五百人在倫敦奔走尋覓病床，這種情況持續到接下來的一整周。《每日電報》報導了救護車服務承受的壓力，到醫院的路程是平常的五到六倍之久，而孕婦們，包括知名足球員賽爾威・瓊斯（Selwyn Jones）*的妻子，得在困在濃霧的救護車上生產。

法醫辦公室周一開門時，周末的死亡案件排山倒海而來。一九五四年衛生部的報告表示，「由於十二月八日星期一的屍體數量龐大，驗屍官沒有時間進行詳細檢查。」[4]衛生部收到消息，下令各地醫務官尋找傳染性疾病爆發的跡象。地點和死因被製成了圖表，職員挨家挨戶的訪查。他們發現了呼吸問題、心臟病，和中風等證據，但這在倫敦冬季並不罕見，令人憂心的是死亡人數的暴增。更重要的是，幾乎沒有同一戶人家出現超過一名死者，表示這絕對不是傳染性疾病。

濃霧持續了整個周末，到周一早上我父親準備出門上班時仍然濃密。他是南倫敦一家殯葬業者的法式磨光學徒。周一通常是最忙碌的日子，因為法醫室會釋出周末時死亡的屍體。生意好的周一被稱為「兩位數周一」。但十二月八日星期一與眾不同。醫院的停屍間放滿遺體，平常以「私人救護車」一具一具運送的方法是行不通的。業者必須出動木製貨車，車上一度放滿了十八具遺體。

濃霧在那個星期一開始散去，直到第二天才完全消失。煙霧籠罩範圍大約有一千平方英哩[5]。死亡案例零星分布各地，但人數加總起來很龐大。衛生部的報告發現：

只有那些關注死亡的人⋯⋯而且是依據所在地情況，才能理解這次的死亡率有多高。這絕對是一座八百二十五萬人口的都會經歷如此規模的災難，卻對此毫無所覺的絕佳例子。直到彙總和分析死亡證明後，超額的死亡人數才浮現。

據官方估計，這場煙霧殺死了將近四千人，主要是孩童和年過四十五歲的人。

一九五二年時倫敦已經建立了一套汙染監測站系統，依據歐文斯的黑煙法操作。採樣器同時也測量二氧化硫量。圖表一是根據煙霧期間的汙染偵測結果，然後對照每日死亡人數所繪製[6]。可以清楚看出空氣汙染上升時死亡率也跟著增加。但這還不是最糟糕的部分。煙霧散去之後死亡率仍然居高不下，一直持續到隔年三月。雖然當時的專家學者們討論過煙霧使人變得虛弱的可能性，新聞也報導空氣汙染帶來的大量死亡人數，但衛生部就是不願相信短暫出現的煙霧能留下如此長遠的傷害。當時發生了激烈爭辯。事發兩個月後衛生部宣布是次

---

* 萊頓東方隊（Leyton Orient）的右邊鋒。

圖一　一九五二年大倫敦煙霧期間的每日死亡人數與汙染物濃度對照

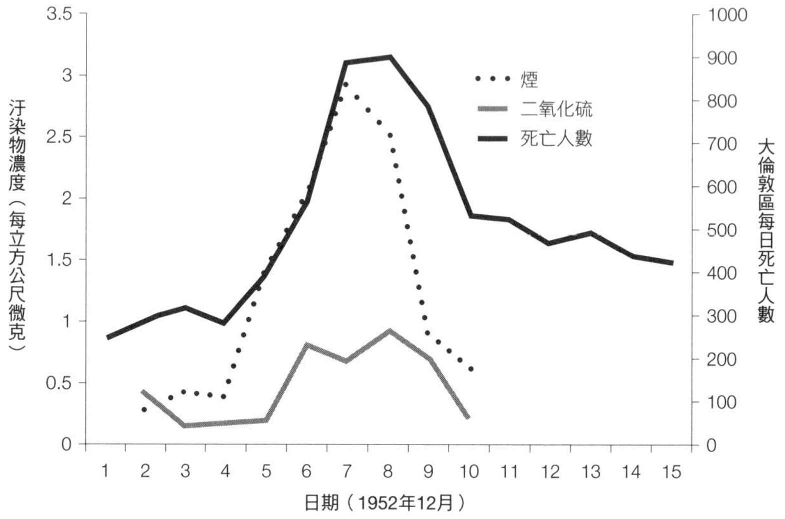

煙霧的死亡人數是二八五一人，但僅兩周後就上修到六千人[7]。

最後，政府的首席醫官決定只把十二月二十日以前的死亡人數算在煙霧的災害數字裡，剩下的一定是其他原因。可能性最大的是流感，煙霧能殺死超過四千人是根本不可能的事。但不是每個人都同意這種說法。政府的首席空汙專家威爾金斯（E.T. Wilkins）很在意居高不下的後續死亡率，並且認為官方死亡人數應該再加上八千人[8]。

一九五二年煙霧事件五十周年時，當時的醫療紀錄被再次檢視，也仔細探究流感的說法。發現即使是最嚴重的流感爆發，也不可能出現這麼高的死亡率。二〇〇二年，死亡人數的合理估計提高到悲慘的一萬兩千人[9]。非常接近威爾金斯第一次推算的數字。

煙霧過後的下一週，又有一萬五千人因病無法工作，符合領取政府疾病津貼的資格[10]。煙霧造成的生病人數極有可能大大被低估。在較早的默思山谷、多諾拉，和波薩里卡事件中，生病人數遠遠超過死亡人數。每天上班的人通常是人口結構中最健康的一群，恢復力也最高。資料中缺乏幼童和老年人的疾病統計數據，但一定遠多過這一萬五千名無法上班的人。

但為什麼一九五二年這麼多人死亡？以前為什麼沒有類似規模的事件？目前提出了幾種可能原因。首先被指出的是位於河岸區（Bankside）和巴特西區（Battersea）的泰晤河畔電廠（Thameside power station），因為在繪製煙霧表時發現電廠附近的汙染物濃度很高，但後來從機上觀察發現煙囪排放的高度已經超過了煙霧層。再來是檢討倫敦家用燃煤的品質問題。一九五二年時倫敦家用煤量大概攀升到維多利亞時代的兩倍[11]，但品質惡劣。一九五〇年代早期，家用煤炭仍然採配給制。並不是煤炭短缺，而是要確保高品質的煤炭用於出口，因為英國當時正戮力清還二次大戰所積欠的債務。然而，被稱為「堅果粉（nutty slack）」的劣質煤炭則沒有限制；後者是小塊煤（堅果）和煤灰（粉）的綜合體。一九五三年二月英國下議院對冬天時使用的劣質堅果粉提出質疑，但這時候已經有十七萬噸堅果粉供應給家用配給煤炭了[12]。

起初英國政府試圖將煙霧歸類成無法控制的天然災害，但隨著死亡人數逐漸超過了一八六六年霍亂爆發的規模，政府的壓力也越來越大。一九五三年一月，衛生部長伊安·麥克里奧（Iain Macleod）就說「真的，每個人都覺得煙霧是從我擔任部長以後從倫敦開始的。」[13]直到一九五三年七月，政府終於屈服於社會壓力，任命工業家工程師休·畢佛主持調查。

和一九二一年主持空汙調查的牛頓勳爵不同，畢佛不是國會議員。他絕對是個使命必達的人。畢佛最早的志向是加入印度民政局（屬於大英帝國一部分），但有次拜訪倫敦時他接受了工程公司的助理職位。雖然缺乏專業工程訓練，畢佛很快抓到了技術細節和經濟可行性，進一步鑽研工程、採礦和採石，運輸，以及水力發電計畫。他主持過加拿大港口的審查，重建了被大火摧毀的紐布倫威克（New Brunswick）聖約翰港（St John），在英國設計並建造了好幾座工廠，而且在二次大戰中主持工務部（Ministry of Works）。戰後他成了傳奇人物，管理健力士公司（Guinness company）及政府諮詢委員會。他的事蹟包括打造米爾敦凱斯（Milton Keynes）和幾個倫敦附近的新市鎮，比較奇怪的則是創辦了《金氏世界紀錄

（*Guinness Book of World Records*）》[14]。據說這是一場射擊活動中爭執的產物，當時畢佛找不到任何文獻證明金斑鴴是否是歐洲最快的獵鳥[15]。運動員羅傑・班尼斯特（Roger Bannister）首次創下一英里四分鐘的跑步成績時（譯按：一九五四年五月），第一本金氏世界紀錄已經免費放在酒吧裡做為酒客爭論不休時的依據，如今暢銷全球。

一九五五年，畢佛的倫敦煙霧調查報告出爐後沒多久，他在紐約所舉辦的首屆世界空氣汙染大會（International Congress on Air Pollution）裡報告委員會的工作成果。他的解釋冷靜並令人信服。畢佛告訴聽眾一九五二年的高死亡人數如何引起群眾抗議，而隔年冬天再現的煙霧如何導致社會首次對空氣汙染心懷恐懼。他也解釋了委員會在一九五四年霧季開始時發佈的報告如何前所未有地引起人們採取行動的呼籲。報告的結論只有一萬兩千字，提出的是全國性工業管制措施，而非地方性。全國性架構才能避免城鎮在威脅到就業機會的時候對管制措施裝聾作啞。他發現英國有超過一半的人口都住在需要管制措施的地區。重要的是，畢佛第一次提出要處理家戶用火的空氣汙染；後者的煤耗量占全英國二〇%，但排煙量卻占全英國四〇到六〇%。他提議設置清潔空氣區或無煙區、限制可使用的燃料，以及限制某些類型的壁爐和鍋爐[16]。

一九五二年煙霧的後果不僅證明了煙霧是殺手，也改變了關於每日暴露在空氣汙染之下的科學觀點。政府首席空氣汙染專家威爾金斯在對皇家衛生協會（Royal Sanitary Institute）演講時說道「比起偶發的煙霧，常態汙染無疑地造成更多損害和傷亡。」這個觀點直到一九九〇年代才變成共識。

畢佛認為群眾輿論贊成採取行動，但政府仍然坐視不管。旺盛的爐火是英國家庭的精神所在。一次大戰時，士兵的使命是為了保持爐火不滅而戰。雖然煙害防治協會試圖改變，但英國人離不開自己的壁爐。儘管封閉式爐灶更節能少煙，英國人覺得這是來自歐洲大陸的怪東西，會導致房間空氣不流通，不適合喜愛新鮮空氣的英國。更甚者，二十世紀初期中央暖氣系統仍然非常不得人心，就連辦公室也是以壁爐加熱。煙害防治人士們意識到說服部會首長和公務員採取行動有多麼困難，評論說「如果政府職員找不到爐火可撥弄，心裡會大受打擊。[18]」一九四八年九八%英國家庭仍然使用開放式壁爐，而且約有三分之一的家庭仍燃煤煮飯。

當國會議員傑若德·納巴羅（Gerald Nabarro）[20]開始在國會中介紹他自己的空氣清淨法案時，政府已經為了面子採取行動並推出了另一版空氣清淨法案。雖然有些人認為納巴羅是環保英雄，但他也極具爭議性。當時的他是非常知名的政治人物，外表走傳統「富二代」路線，有著獨特的翹八字鬍和一把渾厚的男中音。雖然他有貴族的外表但其實出身於普通的家庭，是典型的白手起家，一路從伐木工到企業大亨。許多我們如今認為很有價值的事都和他有關，包括在香菸盒印上警告標語。但在五〇和六〇年代的背景下，納巴羅對種族、死刑和其他很多事的觀點被討厭，甚至是令人唾棄。他反對歐洲，反對廢除死刑，也反對毒品、學生、色情片，和流行音樂。他支持羅德西亞（Rhodesia）由白人統治，也贊成以諾·鮑威爾（Enoch Powell）的反移民看法。納巴羅垮臺是在一九六一年，當時他那有名的車牌NAB 1被人看見在圓環超速逆向；他堅持當時開車的是他的助理，而她也願意承擔罪名。但在證人出面之下，最後的法院判決結束他的政治生涯。

《空氣清淨法》最偉大的創舉之一是無煙區，在區內只能使用核准燃料和相對應的核准設備。劣質（瀝青）煤禁止使用於家中的開放式火爐，只有加工過的無煙燃料或乾淨煤炭才可以。除了居住者，煤炭商也有應負的責任，後者要確保運送的是正確的燃料。很重要的一點，政府提供慷慨津貼幫助人們升級家裡的暖氣系統。

一九五六年《空氣清淨法》的許多措施都成績斐然，但煙霧管制區的進展卻很緩慢。到一九六三年為止，畢佛委員會所建議的管制區只執行了一四％，到一九六七年這個數字成長到令人失望的三分之二。除了加強對工業的控制之外，或許新燃料和新暖氣系統的出現終於改變了局勢。其中包括了隔夜儲熱式暖氣、大樓使用的燃油暖氣，以及一九六七年問世的天然氣。

當《空氣清淨法》在一九五六年通過時，沒有人知道北海之下蘊藏了豐富的天然氣，因此後者也不在法條內容中。天然氣出現後嚴重威脅了法案的完整性。無煙煤炭是生產所謂都市煤氣時的副產品，在維多利亞時期多用於照明，後來也用在煮飯甚至暖氣供應上。每個城鎮都有自己的煤氣工廠，出產無煙煤為副產品。一九七〇年時煤氣工廠紛紛關門，無煙煤短缺因而造成家庭用戶的問題，同時也拖累了本來就緩慢的無煙區進程。這只是過渡期的問題之一。很快地，天然氣暖氣系統就取代了燃煤系統。當時拆掉壁爐成了時髦的流行，而電視則取而代之成為起居室的視覺焦點[21]。

煙霧對健康的影響被大眾接納之後，對死亡紀錄的重新分析顯示倫敦的煙霧在一九五二年以前就造成了重大傷亡，而一九五二年的煙霧也不是最後一次。表一列出了倫敦重大煙霧的資料[22]。一九五四年的重新分析發現，維多利亞時代的大煙霧總共造成將近千人的死亡。煙霧也不是倫敦的專利；一九〇九年格拉斯哥發生過幾次嚴重的煙霧，導致孩童和老年人死亡率上升；一九二五年時則有超過兩百人因煙霧身亡。另外分析也指出，一九四八年時超過三百人死亡的濃霧所代表的重大警訊在當時被徹底忽略。

最後一次煤炭引發的倫敦煙霧發生於一九六二年十二月。到了一九七〇年代晚期家用燃煤系統已經走入歷史，交通汙染取而代之成為新的空氣汙染源。倫敦的首次大型交通煙霧發生於一九九一年，導致了約一〇一到一七八人提早死亡[23]。倫敦和英國其他城市在一九九一年後仍然後煙霧發生，但研究重點已經從量化轉移到其他方面。不過，短期高濃度的空氣汙染仍然對人口數有重大影響，如表一所示*：

一九五二年倫敦煙霧的悲劇第一次說明了空氣汙染有傷害性，也終結了數百年以來的爭辯。緊接而來的種種政策的確挽回了許多人的性命，但是如果政府能注意到早期警訊或願意相信空氣汙染的傷害力，更多生命會被拯救。細看五二年煙霧的死亡原因，可以明顯看出空氣汙染不只導致致命呼吸問題，有二一%的人死於心臟疾病，另外五%則是中風。這些重要資訊直到一九九〇年代才被看見。

* 最後兩筆推算是健康影響評估：根據汙染物濃度和我們對它所造成健康傷害的認識加以計算。較早的事件則是研究死亡證明和死亡率。

表一　英國顯著煙霧事件

地點	年份	月份	日數	影響死亡人數
倫敦	1873	十二月	3	270-700
倫敦	1880	一月	4	700-1,100
倫敦	1882	二月	N/A	N/A
倫敦	1891	十二月	N/A	N/A
倫敦	1892	十二月	3	~1,000
格拉斯哥	1909	十一月	8	N/A
格拉斯哥	1909	十二月	4	N/A
倫敦	1921	十一月	5	不具統計顯著性
格拉斯哥	1925	十一月	7	超過200
倫敦	1935	十二月	6	~500，但當時很寒冷
倫敦	1948	十一月	6	~300
倫敦	1952	十二月	5	4,000（重新統計後為12,000）
倫敦	1956	一月	4	800-1,000
倫敦	1957	十二月	N/A	300-800
倫敦	1962	十二月	4	340-700
倫敦	1975	十二月	3	不具統計顯著性
倫敦	1982	十一月	N/A	N/A
倫敦	1991	十二月	4	101-178
全英國	2003	八月	N/A	423-768
全英國	2014	三月及四月		1,649

N/A：無資料

一九五二年煙霧事件確實造成了公眾對空氣汙染有兩種錯誤理解，至今仍存在。第一，只有嚴重的空氣汙染才有傷害力，所以控制煙霧排放就足以保護健康。我們如今還能聽見這種論調，例如關於北京和印度的煙霧報導。第二，認為空氣污染主要是地區性問題：對居民健康的傷害主要來自同樣位於該地的汙染源。接下來我們會看見，這種對空汙短視且狹隘的看法忽略了很多更廣泛長遠的影響。

一九五二年煙霧事件改變了我們管制空氣汙染的方式，從零星地監測工廠對地方的危害進化到全國性工業管制以及依空汙種類管理。然而，事後看來《空氣清淨法》提出的對策其實埋下了下一波空汙危機的種子。畢佛調查報告和隨後的《空氣清淨法》都只針對煙的排放，但沒注意到燃煤也會產生的二氧化硫。改燒無煙煤炭對二氧化硫的減量毫無幫助。比起一九五二年，一九六二年的煙霧事件讓倫敦人吸入了更多了二氧化硫。放任硫排放物的後果就是一九七〇和八〇年代空汙討論的熱門話題：酸雨及森林枯梢病，直到今天依然是問題（詳見第六章）。倫敦煙霧的對策中沒有「減少使用」的概念。如果能提高能源效率並減少燃煤量，今天我們所熟知的氣候變遷會輕微許多，但這些在五〇年代都沒有實現。

英國城市燃煤問題的最後解決方案是天然氣。天然氣成了最受歡迎的暖氣燃料，不只取代了煤炭，也取代了燃油。第十章中我們將看到，這導致二十一世紀歐洲大陸的柴油汽車排放危機，還有二〇一五年的福斯汽車排放醜聞。

在比利時小鎮恩吉斯（Engis）有座樸素的雕像紀念所有默思山谷煙霧的受難者。紀念碑下方的最後一句話充分反應了煙霧和工業的糾葛：「所有的人類行動，包括工業行動，都能更趨完美」。在多諾拉有一座博物館紀念著煙霧受難者，還有一群當地人以宣導慘痛的教訓為己任。但環顧倫敦，你看不到任何紀念一九五二年一萬兩千名死者的痕跡，即使死亡率高過閃電戰最慘烈的夜晚。一九五三年一月三十一日，倫敦煙霧過後僅僅七週，前所未見的暴風雨肆虐歐洲北海岸造成三二六名英國人和一千八百名荷蘭人死亡。如今從林肯郡（Lincolnshire）經由東盎格利亞（East Anglia）到肯維島（Canvey Island）的途中，你會看見許多簡單合宜的紀念碑紀念著失去的鄰居、家人和朋友。在倫敦和當代空氣汙染搏鬥的時刻，我們應該替一九五二年中數以千計的死者建立永久紀念館，記住在此前後因為煙霧而失去性命的人，也做為未來的警惕。

第四章　失控的含鉛汽油

一九二〇年代，人類與魔鬼簽下浮士德契約，為了短暫的利益而出賣了未來的健康與環境；一切都要歸功於湯瑪士．米基里（Thomas Midgley）。米基里是位多產的美國化學家和發明家，他發明了二十世紀兩樣帶來最大改變之設備的核心：汽油裡的鉛添加劑，和冰箱、冷氣機不能或缺的氟利昂冷媒。米基里在一九四四年過世時被當代視為最偉大的發明家，但使用這些發明帶來了莫大的後患。到了二十世紀末他的名聲驟變，因為鉛被證實是有毒汙染物，而氟利昂也被發現是同溫層臭氧層破洞的幫兇。他被稱為「在地球史上對大氣層影響最大的有機生命體」[1]。如果缺少了四乙基鉛（TEL）的故事，這本探討空氣汙染的書就不完整。

米基里最早是在父親的輪胎公司上班，接著加入了發明汽車電動啟動器的查爾斯・凱特寧（Charles Kettering）麾下。一九一六年，二十七歲的米基里決心要找去解決汽車引擎「敲缸」的問題。敲缸問題可大可小，輕微敲缸只是無害的爆震聲，但當引擎的功率不足或爆震撞擊過大就可能導致引擎損毀。敲缸影響引擎的效率、動力，甚至是壽命；可能也是舊式汽車被稱為「老鞭炮」的由來。米基里為此研發了一百四十三種燃油添加劑。最早的材料有由農作物提煉的乙醇，但利潤非常低，因為家家戶戶都能自行生產。米基里最後選了德國人發現的鉛作為添加劑，因為可以申請專利，而且利潤很高[2]。一九二五年，通用汽車的銷量落後福特。通用計畫用高性能的凱迪拉克來扳回一城，但後者有嚴重的敲缸問題；解決方案就是米基里的添加劑。

鉛的神經毒性眾所皆知。早在西元第一世紀羅馬物理家就注意到「鉛使心靈衰弱。」當時的鉛接觸主要來自陶器上的釉，以及釀酒發酵過程浸入酒桶中的鉛盤。後者會產生醋酸鉛，又稱為鉛糖。鉛糖的甜味引誘孩子啃咬玩具和床架上的漆，因為嘗起來像檸檬汁。十八世紀時德文郡（Devon）每年秋天都會爆發嚴重的鉛中毒，釀酒中的鉛導致大量鉛絞痛病例。美國在一七二三年頒布第一項公眾健康法案，禁止蘭姆酒釀造過程時使用鉛線圈。但即使有這些知識，鉛中毒仍然源源不絕。一八一八年，富蘭克林任駐法大使時親眼見到腹部疼痛和手腕「垂落」，後者是因為職業關係長期暴露在鉛之下的中毒癱瘓現象。富蘭克林指出鉛的「有害影響」已經在過去六十年廣為人知，他感嘆「有用的真理從被發現而存在，然後到它為世人所接受並實踐是如此的漫長。」以鉛的例子來說，長期接觸的危害通常要花很多年才會顯現[3]。

由於一九二〇年代鉛毒性已經為人所知，米基里需要下點功夫說服政府相信他的四乙基鉛添加劑安全無虞。最早的決定是以乙醇之名販售產品，絕口不提鉛這個字。美國的前三大企業，杜邦、標準石油，和通用汽車合作設置乙基公司（Ethyl Corporation）。通用汽車付錢請美國礦物局（Bureau of Mines）調查該產品，過程嚴格控制，包括將計劃中所有的「鉛」字眼都換成「乙基」。其中一名科學家對調查的獨立性提出質疑，然後長期和通用汽車合作的他發現突然間通用不再續約了；這樣的例子在接下來幾年間屢見不鮮。雖然礦務局沒有發現任何危害的證據，四乙基鉛的生產卻給某些員工帶來了災難。

一九二四年十月二十六日，標準石油四乙基鉛實驗室的員工恩斯特·歐爾加特（**Ernest Oelgart**）出現偏執妄想，在廠內四處奔跑，嘴裡喊著「有三個人在追我。」。不久後他在醫院身亡。接下來五天之內，又有四名員工死亡，還有三十五人出現鉛中毒的神經症狀。另外兩座工廠有六名員工身亡，而某間四乙基鉛工廠被戲稱為「蝴蝶之家」因為員工們出現了昆蟲飛舞的幻覺。然而，檢查這些員工的排泄物後發現，工廠中有接觸四乙基鉛和沒有接觸的員工檢查結果並沒有不同。公司的檢測顯示墨西哥人排泄物和工廠工人的一樣都有鉛，於是他們判斷人體中有鉛是正常的。乙基公司堅稱這些工廠事件並不表示對公眾有任何風險，應該是工人不夠謹慎或者太勞累了。在隨後一場為期一天的科學活動中，該公司總裁把證明的責任丟到公眾健康科學家的身上。添加劑對引擎的益處是千真萬確，於是他挑戰科學家們證明四乙基鉛，「上帝的禮物」，有任何危險。米基里對自己的產品充滿信心，甚至在媒體前將產品倒在手上深深地聞了好幾下，即使他自己才剛剛結束了因為在工廠裡鉛中毒而請的病假。他大膽宣稱即使是繁忙的大馬路上，空氣品質也不會受到四乙基鉛的影響。二五二家加油站做了短期測試，沒有發現任何異常，於是四乙基鉛在一九二六年核准上市[4]。

四乙基鉛的用量越來越大，尖峰期歐洲加上美國的車輛大約排放了二十萬噸的鉛到空氣中。接下來四十年裡所有關於四乙基鉛的研究都是在毒理學家羅伯特・基歐（Robert Kehoe）的護航下，由製造商所贊助。他研究了鉛工廠員工的死亡原因，結論是產品對健康無害。

直到最後，一位完全不同領域的科學家挑戰了這個看法。克萊爾・派特森（Clair Patterson），朋友口中的「派特」是位地質學家，專長是研究岩石裡的金屬同位素。派特森一九二二年出生於愛荷華州。他的父親是郵局員工，母親則任職當地學校的董事會，但真正啟發他對科學的興趣則是孩提時代收到的一套化學實驗組。到了一九六〇年代，他已經因為證實了地球遠比過去認為的古老而聞名。然後他的研究重心轉為研究地球在過去四十五億年間的變化。一九六五年他發表了自己從大西洋和太平洋樣本中所發現的詭異結論：現在每年排放進海洋的鉛是過去高峰的八十倍。海洋表層的鉛含量是底層的十倍。重要的是，派特森證明了所謂正常鉛濃度其實遠遠超過自然濃度；他估計美國人血液裡的鉛平均含量大概是自然濃度的一百倍，逐漸接近著能觀察到中毒現象的濃度[5]。

這份結果嚴重挑戰了業界主導的說法，基歐很不高興。他指控派特森只是在譁眾取寵，空有狂熱卻不是個科學家。據派特森描述，乙基公司的代表團來拜訪他，「試圖花錢贊助我的研究來做出對公司有利的實驗結果」。他拒絕了。很快地他受到公開批評而且專業素養也被質疑。他手上的長期研究合約被終止，並且有人拜訪了他任職的單位負責人，將他解雇。派特森仍堅持不懈，進一步發現其實四乙基鉛的鉛已經遍佈全球。格陵蘭冰層裡的鉛是工業化時代前的一百倍，遙遠南極洲的雪裡，鉛含量則是過去十倍。之後派特森獲頒歌德施密特獎（Goldschmidt Medal），相當於地質界諾貝爾獎，當選為美國國家科學院（National Academy of Science）院士，並且有一個小行星和山脈以他來命名。

雖然派特森證實了汽油裡的鉛已經成為全球汙染，他並非毒理學家。後續雖然進行了幾次調查，但結果仍然受到相關產業的影響。這時賀伯．尼德曼（Herbert Niddleman）出現了。一九七〇年代初期尼德曼在費城北區一間社區精神病院工作，遇到了一名充滿雄心的年輕人，非常聰明但卻為語言表達所苦。他的症狀讓尼德曼想起了兒童鉛中毒的現象，開始懷疑鉛是否就是導致其他病患問題的原因。找出兒童體內的含鉛量並不容易，尿液和排泄物只能看出近期的鉛接觸，無法得知體內總共累積了多少鉛。這也是早期基歐在檢測四乙基鉛工廠員工的一大瑕疵。

從尼德曼的辦公室能看見一座兒童遊戲場，於是他靈機一動。他成了牙仙子；超過兩千名兒童的乳齒被付費收購，孩童的老師們會檢查孩子是否有新齒槽以確認是小孩自己的牙齒。每一根牙齒都進行了鉛沉積分析。尼德曼要求老師評量孩子的行為，同時孩子也在診所做檢查。結果發現，鉛沉積量高的孩子在智力測驗、重覆語句，還有節奏方面的表現較差；他們的反應較慢，也表現出過動傾向。住在都市鬧區的孩子鉛沉積量比住在郊區的孩子高。尼德曼清楚知道一定要對兒童在日常生活接觸到的鉛採取行動[6]，但不是每個人都同意。

相關產業展開了前所未見的反擊，全力詆毀尼德曼的聲譽。兩名年輕的科學家前來拜訪他，說他們對冶煉廠附近的鉛外洩感到興趣。為了幫助兩人，尼德曼分享了自己的研究數據。結果資料被指出明顯的錯誤，不出所料，尼德曼發現自己被指控有科學上的瑕疵。這件事呈報到了新成立的科學操守聯邦辦公室，接著尼德曼自己的大學也展開了調查。官員進入他的辦公室，鎖上所有的檔案櫃和抽屜。調查綿延了許多年，但尼德曼仍不屈不撓，最後終於洗刷所有的指控[7]。

雖然關於四乙基鉛對環境和人體造成傷害的證據越來越多，最後含鉛汽油的終結並不是因為科學發現或公眾抗議，而是觸媒轉化器的問世。美國在一九七〇年導入觸媒轉化器，目的是淨化汽油引擎的其他汙染物和改善洛杉磯的煙霧問題。但是，含鉛汽油會破壞觸媒裡的鉑，因此鉛必須消失。正如尼德曼和同事所言：「很顯然，科技產品中毒比人類中毒來得重要。[8]」

七〇年代的歐洲已經因為科學建議而開始降低汽油裡的鉛含量，但群眾對鉛的反對則是從八〇年代開始滋長。在英國，地產商高德菲·布拉德曼（Godfrey Bradman）贊助了一項全國性的汽油無鉛化運動。他找來經驗豐富的政治運動家德斯·威爾森（Des Wilson）主持

「無鉛空氣運動（Campaign for Lead Free Air，簡稱ＣＬＥＡＲ）」[9]。威爾森是名記者，一九六〇年代從紐西蘭來到英國，替當時陳腐的英國政壇生態帶來一絲清新氣息。在接下無鉛汽油活動前，他已經成立過遊民慈善組織「避難所（Shelter）」，創建了英國從未見過的新形態慈善運動。一九八三年，威爾森投身無鉛活動的兩年之後，皇家環境汙染委員會（Royal Commission on Environmental Pollution）建議減少汽油中的含鉛量；政府只花了三十分鐘就接受提案。這對威爾森和他下面的科學家與活動人員來說不啻為一場勝利。無鉛運動結束，功德圓滿，威爾森則成了英國自由黨（Liberal Party）的主席，也是地球之友（Friends of the Earth）的領導人。

令人難過的是，皇家環境汙染委員會的第二項建議，徹底移除汽油裡的鉛，一直到一九九九年，也就是十六年後才執行。英國一直拖到歐盟法律期限截止前最後一刻才禁止含鉛汽油，整整晚了美國三十年。這對威爾森和所有無鉛汽油的活動者是種背叛，他們相信自己是勝利的一方。英國政府遲遲不願完全禁絕含鉛汽油的原因可能是以下兩點：英國汽車品牌太晚投資開發無鉛汽油引擎，還有英國境內有一座全歐洲最大的四乙基鉛工廠。在英國政府頒布禁令十年後，曼徹斯特運河旁的歐克特（Octel）工廠成了世界上最後一座生產四乙基鉛的工廠。隨著英國、歐洲、美國拒絕無鉛汽油，歐克特公司在發展中國家開發了鉛添加劑的新市場，帶來十八億美金的營業額和六億美金的利潤。二〇一〇年英國法院判決歐克特公司違法賄絡印尼國家石油企業的首長、資助「捍衛鉛」的運動，而且「為了阻擋四乙基鉛禁令通過，大量賄款給貪污的政府官員」[10]。

汽油去鉛的效果斐然。少了鉛以後孩童體內的含鉛量下降，但要說問題已經完全解決卻又過度樂觀。我們每個人的日常生活都暴露在鉛之中，鉛沉積在我們的骨頭，流在我們的血中。九〇年代中期，含鉛汽油已經禁止了好一段時間，一萬四千三百名美國人接受抽血檢查，然後二〇一一年研究員再度拜訪了這些人。那些血液中含鉛量最高的人已經死於心臟方面疾病，血液含鉛量較低的人身上也能發現類似風險。我們或許贏了對抗含鉛汽油的戰爭，但包括飲水和食物等其他方面的鉛接觸還有很多行動空間[11]。

鉛的故事教了我們好幾個寶貴的教訓。最關鍵的是，找不到傷害的證據不足以做為沒有傷害的證據。產業所提出的身體正常含鉛量和人體本來應該有的自然含鉛量也大有不同。當人類長期暴露在某種毒物之下，這兩者絕對有差異。在關於四乙基鉛的安全性爭辯中，證明四乙基鉛有害的責任掉到了公共健康專家身上，但其實應該是乙基公司的責任來證明產品安全。急著替新產品找市場的產業完全無視於所有的早期警訊，然後任何不利於生意的新研究都會被系統性打壓，研究人員遭到污衊。這個產業以付錢、贊助，提供工作機會來獲得支持。看來鉛不僅影響孩童的心智能力，也影響了四乙基鉛業者的道德觀；到今天我們還是能看見後果。

第五章 臭氧，能腐蝕橡膠的汙染物

今天，提到臭氧多數人想到的是平流層裡的臭氧破洞。然而，正如早期空氣探索家所發現，臭氧其實也存在我們每天呼吸的地面空氣中。同一種氣體，但平流層臭氧和地面臭氧的問題截然不同。

平流層的臭氧被認為是一件好事，可以保護我們不受太陽紫外線的傷害。一九八五年，英國南極調查局的科學家證實臭氧層正在變薄。突然間我們驚覺原來自己的噴霧除臭劑和丟到垃圾場的冰箱破壞了全球環境。對噴霧器的抵制和群眾聲浪催生了一九八七年的蒙特婁議定書（Montreal Protocol），針對會耗損臭氧的物質限制生產和使用。這份議定書是國際社會聯手保護大氣層的獨特典範，尤其是擬定速度之快。這份議定書也制定了已開發國家和開發中國家的合作結構，共同提供支持和執行議定書的資金。

國際社會針對地面臭氧的管控則遠遠沒那麼成功。地面臭氧對人體從現在到未來的傷害，還有對農作物的損害都值得我們所有人的關注。這是一個需要國際合作的議題，可惜看起來遙遙無期。我們與臭氧的故事有著似曾相識的否認模式、新的發現遭到抵毀，再來才是全球對臭氧的影響日益了解所帶來的壓力。

一九四三年七月二十六日，時值二次世界大戰高峰期，洛杉磯的居民們以為自己遭受化學瓦斯攻擊[1]。住在市中心的人感覺到眼睛刺痛、鼻涕不止，然後喉嚨乾啞；許多上班族必須返家休息。一陣煙霾降落在城市之上，能見度降到只剩三條街左右。煙霾持續了數日之久；照片中的景象看起來不像倫敦或美東的煙霧瀰漫，而且這場煙霾是發生在夏季熱浪當中。痛苦的居民轉而向市政府求救，但沒有人知道煙霾從何而來或者何時會散去。剛開始的解釋是大眾交通系統罷工導致車流量大增，但這種說法很快被排除。《洛杉磯時報（*Los Angeles Times*）》報導學童因為眼睛紅腫刺痛而無法專心上課，甚至有一名學童的眼睛腫到睜不開。該報呼籲整治空氣的必要，並且邀請專家們發表可能的解決方案。文章中包括了對煙霾的描述是「黑雲遮蔽了視線，眼淚也滾滾流下」[2]。過去數十年來人們遠離工業化的東岸搬到洛杉磯，就是為了乾淨的空氣和健康的生活，但事情明顯出了岔錯。

最先遭到指責的是一家合成橡膠場，該工廠為了提供戰爭物資而投入生產，但工廠的上風和下風處都有煙霾，可能不是原因。一開始採取的行動主要是借鏡其他城市的做法，多半與減煙排放有關，像是禁止在後院燒垃圾並且設立強制垃圾回收。但洛杉磯的煙霧明顯不同於其他地方，需要新的對策。

最後釐清並解決問題的人是化學家阿里・顏・哈根斯密特（Arie Jan Haagen-Smit）*。朋友稱為哈吉的哈根斯密特是一名植物化學家和生化學家。他出生於荷蘭，父親是荷蘭鑄幣局的化學家。他曾經想過要不要當一名數學家，但最後決定追隨父親的腳步做化學家會比較有事業發展。一九三六年當戰爭逐漸席捲歐洲時，哈根斯密特拿到了在美國的一年聘雇合約，但很快地就在加州理工學院站穩腳步。洛杉磯煙霾發生的時候，他正忙著分解導致鳳梨有鳳梨風味的化學成分。他撥了一點時間研究一九四三年「瓦斯攻擊」引發的煙霧問題；初步研究結果顯示，問題出在石化產業，接著他又回去研究鳳梨。如果石化業沒有反擊的話，這應該是哈根斯密特在空氣汙染學界的告別之作。他的妻子祖思（Zus）回憶，當哈根斯密特的研究遭到公開抨擊時，他非常傷心憤怒。其中一名大肆批評的學者來自斯坦福理工學

* 想更了解哈根斯密特，請見http://calteches.library.caltech.edu/368/1/ haagensmit.pdf

院（Stamford Institute of Technology），他的研究是由石油工業贊助，他寫了封信給哈根斯密特：「你知道我的生計從何而來；你知道，我必須說這些話。[3]」哈根斯密特心有不甘地把食物風味研究放到一邊，專心反駁針對他的批評，重新豎立起自己找出洛杉磯煙霾真兇的名聲。

因為他在植物生物學方面的背景，選擇以植物來研究煙霾似乎很合理。他在停車場裡蓋了一個大型壓克力密封室，日光可直射因為要模擬煙霧的環境。哈根斯密特知道這種新煙霧會傷害植物，因此他把菠菜、甜菜、菊苣、燕麥，和苜蓿暴露在蒸餾石油的蒸氣之下，還有二氧化氮（來自交通廢氣）、臭氧，和紫外線，試圖找出具傷害性的物質到底是甚麼。類似的實驗也在對煙霧敏感的人身上進行。自願受試者被關在密室裡，計算流出眼淚所需要的時間多久。有時候實驗室裡會出現厚厚的藍霧，讓人看不見幾公尺以外的東西。慢慢地，煙霧的難題被解開了。

測量戶外煙霧則困難許多。就像約翰．史威則．歐文斯一樣，哈根斯密特需要一套能在城市各個角落做測量的簡單方法，這排除了許多需要在實驗室才能用的特殊設備。於是他改為觀察煙霧造成的傷害。洛杉磯煙霧會傷害橡膠製品，造成裂痕。在塑膠普及之前，橡膠的用途遠比現在廣泛，所以橡膠出現裂痕是個大問題。哈根斯密特的團隊聰明地把拉長的橡膠管每個小時放置於室外，然後觀察何時出現裂痕。有時候需要四十五分鐘甚至更久，但有煙霧時只要短短六分鐘就裂開了。

最後，哈根斯密特解開了謎底。一九四三年的「瓦斯攻擊」和後續煙霧並非來自燃燒煤炭或廢棄物，而是在洛杉磯的空中形成。日光和空氣中的汙染物交互作用，整座洛杉磯室就像個巨大的化學反應爐。最後的煙霧成分來自於交通廢氣，裡面包括了二氧化氮、未燃燒完全的燃料蒸氣，還有煉油廠和加油站的石油蒸發。哈根斯密特發現也理解了一種全新型態的空氣汙染，來自全新並日益龐大的汙染源：汽車及其燃料。一九五二年，就在倫敦大煙霧事件的幾個月前，哈根斯密特發表了關於洛杉磯煙霧和臭氧汙染的開創性研究報告[4]。

在石油產業日益壯大以及人口對汽車的依賴越深的情況下，要改善問題不是件容易的事。汽車是進步的象徵，是美國夢的一部分。毫無意外，最早提出反擊的是煉油工業，堅稱地面層的臭氧是來自平流層，中性無害，和石化工業一點關係也沒有。然而這個論點在一九五四年徹底被擊潰，因為調查發現正當洛杉磯被煙霧中的臭氧包圍時，就在加州海岸邊的卡塔莉娜島上（Catalina Island）幾乎沒有臭氧。問題是發生在城市及周圍。

根據哈根斯密特妻子的說法，石油和汽車產業無所不用其極地打壓，不放過任何機會[5]。哈吉很尊敬工程師和科學家，但石油和汽車業的高階經理人拒絕任何會導致成本增加的意見。儘管如此，政府仍然慢慢地立下規範。首先要控制的就是每一天從煉油廠和加油站所蒸發的七百公噸汽油。儲存槽上新設置的屋頂就讓蒸發少了超過一半，還有加油站回收蒸發也有幫助。隨後在一九六〇年代出現了改善燃料的法規，內容包括移除烯烴這項最容易形成臭氧的化學物質。但是，防治交通廢氣一直到了一九七〇年代第一批觸媒轉化器問世才有了實質的大進展。六〇年代的加州州長隆納・雷根（Ronald Reagan）也在這場戰役中扮演了重要角色。雖然他在擔任美國總統期間並不以環保聞名，但彼時他創立了加州空氣資源局（California Air Resources Board, CARB）。自此之後，加州空氣資源局始終在空氣汙染防治領域居於全球領先地位，特別是交通空氣汙染，也在揭露柴油門醜聞（Dieselgate）上扮演重要角色（詳見第十章）。

哈根斯密特在一九七七年過世時已經是全美最有名的環保主義者之一。但他心中的最愛則是煙霧科學，研究煙霧每天如何變化、從哪裡來。「如果我每天查看圖表追蹤空氣裡的煙霧量，」哈根斯密特自己承認，「發現煙霧量很少的時候我心裡會有一絲失望。」[6]

其他地方也開始發現洛杉磯類型的煙霧，在其他炎熱的美洲城市，好比墨西哥城。但英國皇家醫學院非常自信地認定歐洲不可能出現洛杉磯型煙霧。後者的必要條件之一是強烈日照，因此在昏暗潮濕的歐洲天空下，臭氧不值得擔心。這樣的理論在一九五〇年代定調，因此所有的空氣防治都是針對燃煤產生的煙[7]。做出這種假設的人不單單只有皇家醫學院，可以說是反映當時整體學界的共識。十九世紀初蒙蘇里觀測站的測量資料（詳見第一章）顯示歐洲北部夏季時節會有臭氧形成，遠遠早於汽車和石油造成汙染之前。但這些資料被遺忘，靜靜躺在巴黎統計局的檔案室裡蒙塵。

然後，一九七二年一篇文章出現在《自然》期刊裡，標題是「英國已經觀察到在某些城市環境中會發生的光化學汙染」。文章中承認「一般認為因為日照不足的原因，光化學空氣汙染不會出現在西歐」，接著提到某個炎熱的七月天裡牛津郡鄉間出現了臭氧。其他一些來自荷蘭和德國的片段研究證據顯示牛津郡的臭氧或許不是單一事件。在短短三十五天的檢測中，翠綠英國鄉間的空氣品質就已經超出美國健康標準量多達五倍[8]。也許我們太過自滿，也或許，太專注於煤炭和煙？越來越多學者開始注意，然後發現了越來越多充滿臭氧的夏季煙霧。

這些新發現出現時，英國政府的空氣汙染實驗室正遭到強烈批評，被要求改善其科學品質[9]。官方的回應是一套更有雄心壯志的實驗計畫。實驗室召集了更多科學家，並從英格蘭東部到愛爾蘭南部安裝了一系列的空氣觀測站。他們也可以使用東安格利亞的一座水塔，並且獲得牛津郡和阿德里高爾（Adrigole）[10]地方議會的協助。實驗室科學團隊裡有位詹姆斯．勒福拉克（James Lovelock），他的名字很快會家喻戶曉。但他出名的原因並非空氣汙染研究，而是身為第一位提出蓋亞理論（Gaia hypothesis）的環境自由思想家，啟發科學家們以全新觀點來思考我們的星球。蓋亞理論掌握了七〇年代正在成形的環保行動主義世代的想像力，直到今天該理論仍在爭論之中*。但二〇〇〇年初期，勒福拉克走錯了路，因為擁護核能讓許多環保人士對他感到失望。他認為核能是對抗氣候變遷的必要手段，人類必須採取新的防禦立場來應付地球未來氣候勢必會帶來的影響，其他對策包括建設新碼頭和防洪建設。英國實驗室團隊的另一名成員理查（迪克）．德文特（Richard Derwent）[11]是剛從劍橋畢業的年輕人，接下來數十年將成為空氣汙染研究的中堅份子。德文特是大氣化學家，對數據有無比的熱情而且對觀測站無所不知。德文特積極地支持測量大氣成分的每個人（例如我）。他接著致力於解釋一九九一年倫敦的第一次交通煙霧汙染，還有橫跨歐洲大陸以及全球的空氣汙染情況。

實驗室團隊發現先前在牛津郡鄉間測量到的數據並非單一事件。他們再度發現英格蘭南部的空氣汙染已經違反了美國的健康標準，可是煙霧所籠罩的直接範圍卻是個重要啟發；臭氧和其他煙霧汙染物可以漂流超過一千公里。哈根斯密特對洛杉磯臭氧的解釋讓人以為這是個以城市為單位的問題，但英國團隊則證實了如果每個地區都各自為政將無法對抗此類空氣汙染。更多的空氣檢測顯示倫敦的空氣品質已經超過美國標準，但是倫敦的空氣和洛杉磯並沒有太大的不同。臭氧問題在一九七六年夏季特別嚴重，原因是英國以外的汙染源。臭氧不僅能遠距離形成，而且形成的時間點也影響了一週中哪幾天是汙染高點；和週五相比週一跟週二的臭氧量較低，這是因為週末時交通沒有那麼繁忙[12]。

英國的臭氧問題算是歐洲裡面最輕微的，汙染最嚴重的地區是地中海一帶。義大利北部的波河河谷（Po Valley）被發現是特定高風險點。該地和洛杉磯一樣是盆地，容易吸引附近的汙染空氣盤據。這一區的汙染空氣來源包括居住在阿爾卑斯山和亞平寧山（Apennines）中間的一千二百萬人和杜林（Turin）跟米蘭之間的大型工業區。顯然在控制臭氧汙染方面歐洲需要加快腳步，但和洛杉磯不同的是，此時解決方法已經存在了。

* 簡單地說，蓋亞理論認為地球上的生命體以一套自我調節的系統設計並且創造了適合自身居住的永續環境，因此地球在過去兩百萬年是適合生物居住的狀態。詳見 https://www.newscientist.com/round-up/gaia/

從七〇年代起，英國在管制交通汙染和石油業汙染方面有很大的進展，但如之前所言，能淨化車輛廢氣的觸媒轉化器一直拖到九〇年代才引進，部分原因是因為歐洲一直在使用含鉛汽油。從二〇〇〇年以來，英國夏季熱浪時的臭氧量始終維持在一九七六年時的三分之一左右。但二〇〇三年英國歷史高溫出現時，臭氧仍然被認為造成了四二三至七六九人的死亡[13]。洛杉磯經驗告訴我們，煙霧事件是應該要擔心的。研究成人在充滿汙染物的密室中運動的實驗，還有夏令營孩童在霧濛濛的下午雙眼刺痛的案例後，我們掌握了越來越多臭氧的資訊。但是，過去十年間我們發現原來每天呼吸的臭氧也可能縮短壽命[14]。更令人擔心的是一份二〇一七年發表的報告，數據來自參加美國聯邦醫療保險（Medicare）的六千一百萬老年人[15]；報告發現這些人的壽命受臭氧影響而減短，即使是那些住在符合美國臭氧標準量地區的人也一樣。可見我們必須拉高目前的標準，採取新行動進一步消滅臭氧。

第六章 酸雨及空氣中的微粒物質

在第三章我們離開英國的時候，燃燒煤炭的排煙問題已經獲得處理。濃厚地如豌豆湯般的濃霧，還有冬天時低低掛在半空的厚黑雲幾乎從歷史上絕跡，但是《空氣清淨法》只針對燃煤時產生的煙。燃煤時出現的硫磺毫無改善，這埋下了七〇和八〇年代時重大環境危機的種子。整個危機起初只有一小撮生態學家發出警告，但隨後在冷戰時期的歐洲造成國際局勢緊張[1]，最後發展成歷史上最大的空氣汙染對抗戰之一。這不僅僅是人民和袖手旁觀的政府之間的對抗，也是歐洲各國和北美洲之間的爭執。

七〇年代時，二次戰後工業的復甦意味著歐洲的燃煤量來到歷史高點。解決煤煙問題的對策並非燃燒比較少煤炭，反而還燃燒了更多石油。這兩種燃料都含有硫磺，因此排放到歐洲上空的硫磺氣在二十年間加倍成長，導致了嚴重的後果。

很久以前人類就已經知道硫磺會使雨水變酸。一八七〇年代，安格斯．史密斯（Angus Smith）已經發現「都市區，甚至是離市區幾英哩以外的雨水都不是能飲用的純水。」多年來，酸雨侵蝕著歷史建築和雕像的石材。到了一九五〇年代，一座座將軍和政治人物的雕像都少了耳朵和鼻子，屋簷上的滴水獸面目不再猙獰，建築物上銘刻的格言也逐漸無法辨識。

但當酸雨下在鄉間時，史密斯發現「雨水流過土壤時也過濾掉了所有雜質」，這成了普遍的常識，即使到了一九七〇年代大家還是以為大自然會吸收我們的汙染物，讓雨水再度無害。這是工業和自然界之間的美妙平衡[2]，也是錯到離譜的觀點。

敲響第一記警鐘的是挪威科學家布理尤夫．歐塔（Brynjulf Ottar）。他是挪威空氣研究所在一九六九年成立時的第一任負責人，也是第一名員工。歐塔毫無保留地說出真相。歐洲大陸的雨水變了[3]。一九五五年只限於歐洲的中央，最北到丹麥，不曾出現在斯堪地半島上。僅僅十五年後，幾乎整個瑞典和挪威南半部的雨水都是酸的。斯堪地半島的土壤特性脆弱，酸雨給許多森林、河流，和湖泊帶來了災難。瑞典境內共九萬座湖泊裡有四分之一受到酸雨影響，其中四千座湖泊裡的生物都消失。許多原本健康的松樹則變成了光禿禿的欄杆。樹林枯萎的畫面引起歐洲人的公眾壓力，特別是德國的綠色運動。德語的森林枯梢病一詞，

Waldsterben，擄獲了整個世代，成為歐洲媒體的熱門關鍵字。加拿大東邊和附近美國的湖泊和森林裡也出現了酸雨的危害。

很多類似事件突如其來。單單一場雨所挾帶的硫磺就可能超過整座森林年需要量的三倍，快速地擊潰生態系統。春天時節融化的酸雪可以殺死整個湖泊和相連河流裡的魚[4]。

每個人都以為這些問題的源頭是鄰近的工業區或城市，但歐塔覺得這不合邏輯。他小心的推算出有多少有害的硫磺降落在斯堪地地區的森林，然後和整個斯堪地地區燃煤和燃油所產生的硫磺量相比，兩者並不吻合。落在斯堪地森林、湖泊、河流的有害硫磺遠遠超過了這些國家製造的量。多出來的汙染物必定是來自其他歐洲國家。這已經不是單一國家的問題，而是國際問題，需要其他的國家一起控制它們的汙染[5]*。

讓事件進一步升級成國際危機的導火線是華沙公約組織（Warsaw Pact）和北大西洋公約組織（NATO）之間的緊張情勢。一九八三年蘇聯才剛剛擊落一家韓國民航機，因為誤

* 這並非空氣汙染長距離移動然後造成生態體系傷害的第一個例子。一六六一年，約翰・艾弗林就曾經回報有法國葡萄酒莊抗議英國煙霧飄到法國，傷害了葡萄樹。

認成美國間碟機。歐洲各地大量舉行軍事演練，美國的雷根政權則在德國西部部署了新的中程核子飛彈。所有國家都同意應該要緩和節節升高的局勢，而環保議題或許是對鐵幕的兩側都最沒有攻擊性的議題。蘇聯和華沙公約組織國突然成了硫磺減量的積極擁護者，支持減少三〇%，也是首波批准議定書的國家[6]。

針對蘇聯配合的動機各方有不同看法。第一種看法是，蘇聯認為積極參與能夠博得西歐人民的好感，將蘇聯視為無端端被美國威脅的合理政權。第二種看法比較權謀。蘇聯對硫磺管制突然這麼積極是不是希望能藉此離間西方的盟友？確實如此的話，那效果還真好。各國內空氣汙染運動所夾帶的種種抱怨指責導致了美國和加拿大之間，斯堪地半島和其他歐洲地區之間，還有英國和其他所有國家之間的緊張關係。

歐塔的分析發現，由於工業燃燒煤炭、石油，再加上西風，英國是歐洲最大的硫磺汙染製造者[7]。於是英國在國際對話中遭到孤立，被貼上「歐洲最髒民族」的標籤。把發電廠遷移到鄉間和蓋高高的煙囪的確改善了英國當地的空氣汙染，但並沒有阻止硫磺展開數千公里的漂流。這甚至反而讓情況更糟，歐塔的團隊能夠證明這一點[8]。他們從挪威搭飛機，經過北海到英國，沿途攔截從英國發電廠飄出的煙雲。原本的說法是加高的距離能讓汙染均勻散開，但這種說法馬上被拆穿。汙染雲並沒有因為距離而擴散，卻平行的漂流直到斯堪地半島的森林與湖泊。英國絕大多數的燃煤和燃油發電廠都沒有加裝淨化硫磺的設備。只有兩處例外：倫敦的巴特西區*和河岸區（如今的泰特現代藝術館）發電廠有管制硫磺，雖然原因是保護附近的歷史建築，與環保無關。這兩座發電廠採用水洗法，能夠這麼做的原因是因為泰晤士河已經汙染到沒有任何魚類或河岸生物可以被流出來的水殺死[9]。

在當時，英國發電廠是國有企業。接下來的發展，很接近我們今天對氣候變遷的否認。很令人汗顏，英國科學家和政府官員利用科學期刊的篇幅和媒體力量來詆毀歐塔的研究。他們故意忽略已知事實，針對不確定性來激發大家的懷疑，卻不直接攻擊科學數據[10]。他們也刻意淡化森林破壞和斯堪地地區河流裡的魚因酸雨死亡的影響。在一期標題為「百萬元的問題——十億元的答案？」[11]的《自然》期刊中，英國人以輕率且傲慢的態度建議，與其淨化產業汙染，英國應該直接把壓碎的石灰石灑到挪威的河裡，而且（更誇張的是）如果挪威人不接受的話就太愚蠢了。同樣受到挑戰的，是一個國家的工業應該要為其破壞了其他國家環

---

* 我的父親仍然記得一九五〇年代卡車會載著白堊和白堊漿到位於倫敦南部的巴特西發電廠，在路上留下白色痕跡。

境而負起責任的觀念。便宜的解決方案獲得青睞，像是用化學聚合布蓋住雕像或是鼓勵漁夫在魚群開始死亡時遷移到另一個湖泊[12]。淨化廢氣或是在發電廠加裝去硫設備這種會增加成本的方案則絕口不提。最後，柴契爾政權做了讓步，一九八五年英國簽署響應硫磺減量。

忽略空氣汙染裡的硫所造成的問題不止是酸雨而已。在都市裡，硫汙染還帶來了其他的麻煩。到一九七〇年代左右，家庭燃煤已經消失無蹤，被無煙燃料和天然氣取代。一度荼毒著英國城市毒黑色煙霧已成了歷史，但是測量空氣汙染的方法仍然是用歐文斯五十多年前為了煤煙汙染所發明的設備。過了幾十年，科學家們開始懷疑這些測量數據到底能提供甚麼訊息。大衛．伯爾（David Ball）和榮恩．休姆（Ron Hume）是當時大倫敦委員會（Greater London Council）裡討論這個問題的小組成員[13]。他們發現了傳統的空氣汙染研究有兩個問題。

第一個問題是黑煙汙染在夏季和冬季的區別已經變得非常模糊，冬天暖氣需求上升的理論不再適用。那麼造成空氣汙染的原因是什麼?對伯爾和休姆來說答案很簡單。當時汽油添加劑裡含鉛，倫敦人每天都在呼吸鉛微粒。濾器變黑的時候，鉛量也較高。所以煤炭已經不再是這座城市的唯一挑戰：柴油和汽油廢氣已經成了倫敦空氣中黑色微粒的主要來源。交通汙染勢必需要控制，這是大家都不想聽到的消息，每個人都希望空氣汙染已經獲得改善。

第二個問題則是在伯爾和休姆拿黑煙測量器的微粒濃度結果和更複雜的過濾器結果相比時浮現。交通以及燃煤、油的微粒僅僅佔了一五%；光是測量黑煙設備的微粒結果完全無法提供另外八五%的微粒資訊。傳統測量根本忽略了倫敦空氣裡大部分的微粒。

早在一九二〇年代歐文斯就注意到煙霾裡的非黑色微粒，現在倫敦團隊則決心解開謎團[14]。他們讓空氣中微粒現形的方式很像在手電筒光束裡看見水滴和灰塵一樣。這些微粒很容易折射光線。但它們究竟是甚麼？它們並非來自煙囪、工廠，或車輛的任何汙染物。伯爾和休姆認為這些微粒可能是由空氣中的汙染物生成：主要來源是煤炭燃燒、石油蒸氣、交通廢氣裡的硫氣體。

一九八〇晚期和一九九〇年代是空氣汙染測量的革命期。新設備比英國黑煙測量法進步太多了。測量的目標微粒是選擇和人體所呼吸進去的微粒一樣大小，並且是即時測量。再加上大家已經明白了空氣汙染對健康的影響，英國專家提出微粒汙染的建議標準量（特別是懸浮微粒，PM10），認為一年中超量的日子不應該超過四天[15]。然後他們開始以新標準進行測量，結果並不理想。事實上，非常糟糕。

煙霧始終沒有離我們而去。一九九六年三月，英國大部分地區已經出現高度空氣汙染接近兩個星期，而且很奇怪，鄉村地區的汙染程度和都會城鎮差不多[16]。這是歐文斯所發現的微粒再度回籠，還是這些微粒其實始終存在？一九九六年事件是由一個政府顧問委員會所主持調查。其中一位成員約翰・斯泰德曼*（John Stedman）評道「目前尚不清楚類似的事件多久會再度發生[17]。」答案很快浮出水面，新儀器顯示這些以前看不見的微粒其實每天春天都充斥在歐洲的空氣中，符合歐文斯在一九二〇年代的測量結果。

不過和歐文斯不同的是，一九九六年我們能夠找出新微粒的成分有三分之一是硫酸鹽，很接近伯爾和休姆在一九七〇年代的推測。其中也有硝酸和和有機碳的微粒。硫酸鹽來自二氧化硫，而二氧化硫則是在燃燒含硫量高的燃料時產生——主要是煤炭，但石油、柴油、汽油也有。二氧化硫並不是唯一會轉化成酸性微粒的汙染物，氮氧化物氣體也一樣會形成硝酸鹽微粒。氮氧化物氣體來自於高溫火焰中，氮和氧分子（成對的原子）分裂，然後單個氮原子跟氧原子重新結合成一個分子。它是柴油廢氣醜聞中的汙染物主角。硝酸鹽顆粒對森林和沼地的傷害不亞於硫酸鹽；德文特（勒福拉克的同事）研究了硝酸鹽在歐洲的擴散。

上述這些微粒都和歐文斯在諾福克假期偵測到的微粒差不多大小。正如歐文斯所發現，微粒的大小非常容易折射光線，因此不容易被看見。幾乎可以確定這些微粒正是造成他在下風城市和其他地方發現的霾霧元凶。早在一九二〇年代之前我們就呼吸著這些微粒，但沒有偵測能力。這些微粒是來自於汙染物在空中發生的化學反應，也因此能夠散佈漂移到遠處，再次符合歐文斯的發現。不管是一九七〇年代的伯爾和休姆，或者是更早的歐文斯，時間證明他們都是對的。

雖然現在我們了解這些微粒是什麼，但它們依舊荼毒著我們的城市和鄉鎮，尤其是春季；就像歐文斯在一九二〇年代看到的一樣。每天春天微粒現身都讓空氣汙染登上了西歐報紙的頭版。這對試圖管制空屋的政府官員來說很令人頭痛。法國政府的緊急回應是在巴黎和其他城市輪流限制奇數或偶數車牌的車輛上路，但徒勞無功。二〇一四年英國首相大衛·柯麥隆（David Cameron）因為空氣汙染取消了自己的晨跑，引發媒體熱議。

---

* 我們將在第十章中一台倫敦市中心的小貨車裡遇見約翰的叔叔。

雖然空氣中幾乎每天都有這些微粒，但春天時數量大增，這現象似乎不應該屬於和春暖花開、翠綠萌發的春天。春天的微粒問題不僅僅發生於都會城鎮，連鄉村也一樣。大家可能會很吃驚，但農業竟然也和空氣汙染有關，因為再生成微粒的關鍵成分之一就是氨。氨和二氧化硫跟二氧化氮混合後會將後兩者從氣體轉換成微粒。氨主要來自於農田。在全歐洲，農場動物是主要的氨排放源。在英國，一半的氨來自於牛隻糞肥和糞水，另外四分之一來自家禽類。歐洲來說，豬隻是主要來源，尤其是荷蘭、丹麥，和布列塔尼。很多地方的秋天和冬天禁止排放動物糞便以免汙染河川水源，但這表示一切排放都留到了春天。再加上春天時作物施用肥料，所有的動物開始到戶外走動。農業氨氣的爆發成了每一年西歐空氣汙染在春季發作的原因。

防治這個問題並不容易。減少二氧化硫會讓硫酸鹽顆粒漸少，但轉而產生硝酸鹽顆粒，消耗掉剩餘的氨氣。我們必須同時處理三個目標，尤其是氨。緊急行動已經刻不容緩。在英國，光是二〇一四年的微粒汙染就估計造成了六百人提早死亡[18]。

要控制歐洲的空氣汙染和酸雨問題，多個城市和國家必須攜手合作，而且要將農業納入管理。微粒可能是在汙染源數百公里以外的地方才形成，而且正如歐文斯預測，因為體積小它們能在空中停留至少一周以上。不管想控制一座城市，甚至是一條街上的空氣汙染，我們都必須大面積地採取行動。很遠的地方也一樣：從北京的新聞可以看到當地所稱的霾害，很像歐文斯看到的煙霾。

想一想其實很有趣，如果那時歐文斯在諾福克假期用的設備被選為測量空氣汙染的標準方式，而不是黑煙法，事情的發展會如何？我們可能會更早對微粒問題有更多認識，也更可能因此而加強對硫排放的管理，減少了再生成微粒，也減少了硫和酸雨對歐洲大陸造成的傷害。

雖然處於日益緊張的冷戰政治局勢，但《長距離跨境空氣汙染公約（Convention on Long-Range Transboundary Air Pollution）》仍然在一九八三年生效後，持續發揮了幾十年的效力。在聯合國歐洲經濟委員會（United Nations Economic Commission for Europe）的旗下，該公約始終是致力於減少歐洲和北美空氣汙染的獨特國際組織。接下來的幾輪協議中，各國訂下空氣汙染防制的目標，並且一起努力達成。成果是我們減少了空氣汙染，減緩了對環境的影響，而且提升了空氣汙染的科學。今天，由於燃煤和燃油的減量還有全歐洲適用的嚴格廢氣排放法條，酸雨所造成的傷害和一九七〇及八〇年代相比已經少了很多。不過，歐盟裡仍有七％的土地接收了超過土壤所能負擔的硫。在斯堪地半島、英國某些地區，和歐洲中部，酸土和酸雨仍然是個問題，需要好幾十年才能從損害中恢復。銨和硝酸鹽的空氣汙染依舊造成歐洲六三%地區的土壤問題，包括了歐洲大陸大部分地區、愛爾蘭，英國南部，和斯堪地國家南部[19]。類似的問題紛紛在各地發生。二〇一〇年，半數中國城市和四〇%中國土地有酸雨問題，酸雨長期的影響目前仍未浮現。

雖然我們對硫酸鹽和硝酸鹽微粒的了解在二十世紀的最後幾十年突飛猛進，我們對另一種非黑色微粒卻還是很陌生。它們是有機碳微粒：碳和氧氣或氫氣等其他元素的結合。我們現在已經知道這些微粒在空氣中存在的時間難以捉摸。它們會彼此交互作用，而且會隨著一天中溫度的變化從微粒變成氣體然後，再變回微粒*。碳氫化合物微粒和氣體在空氣中受到侵蝕與氧化，過程很像切開的蘋果變成棕色一樣。

有些有機微粒一開始是大自然所產生的氣體。其中一個好例子是松木林發出的一烯蒎，這種化學物質使松木散發特有氣味†。很多有機微粒則來自燃燒碳氫化合物，而且科學界對於汽油和柴油廢氣是否造成了城鎮裡的有機碳微粒始終爭議不斷，更有爭議的是，是否會影響幾日後順風處的空氣。

透過共同合作，歐洲國家減少的硫排放已經遠遠超過冷戰初期所商訂的三〇％。再加上全歐洲的汙染防治行動，估計截至二〇一一年每年大概挽救了約八萬人提早死亡，而且為歐洲經濟體每年節省了一．四％的國內生產毛額[21]。但這樣就夠了嗎？

了解到大部分微粒來自於汙染物之間的化學反應，是能夠控制空氣汙染的關鍵。在決定以哪些汙染物為防治目標前我們必須知道每個汙染物的毒性、有害影響，還有在大氣中引起的化學反應。可是目前我們面臨巨大的挑戰，由於人類製造的汙染物和每天呼吸的再生成微粒間缺乏直接關聯，於是很難控制。因為這些微粒汙染在國家之間移動而且肉眼難以察覺，我們難以說服城市或國家的主政者採取必要行動，也讓工業和汙染者能夠輕易拒絕配合，但汙染管理所能帶來的好處卻很巨大。

---

* 硝酸銨微粒也是如此。夏季氣溫高時轉變成氣體，傍晚溫度下降後又變回了微粒。惱人的是，這種變化也可以在你試圖測量硝酸銨微粒時發生。

† 因為如此，為了改善空氣而種植某些樹種反而造成反效果。

第七章　六座城市的故事

到了一九七〇年代倫敦的煙霧已經走入歷史。最後一次大煙霧發生在一九六二年，而且看起來英國的都會空氣汙染已經解決。位於倫敦聖巴羅多慕醫院（St Bartholomew's Hospital），領先全球的醫學研究委員會空氣汙染單位（Medical Research Council Air Pollution Unit）被關閉。在政府的眼中，它是功成身退，已經沒有存在的需要。

正當英國關閉研究單位的同時，在美國，道格・道克力（Doug Dockery）正在和同事建立一套關於空氣汙染對健康影響的新型研究。研究結果在將近二十年出爐之後，道克力革命性的發現徹底扭轉了我們對空氣汙染的認知，甚至超越一九五二年的倫敦大煙霧。

道克力一開始並不是醫生或健康專家。他大學學位是物理，然後逐漸走入氣象學和環境科學，最後他致力研究生活環境對人體健康的影響。道克力的團隊在波士頓的哈佛公共衛生學院工作。該學院成立於一九一三年，旨在培養公共衛生專業人才，迄今成果影響了地球上無數人的生命。從傳染病開始，該院研究員發明了鐵肺來維持小兒麻痺患者的性命，之後又於一九五〇年代開發出榮獲諾貝爾獎的一種疫苗，而且還領頭消滅了天花。除此之外，能夠相提並論的成就還包括了道克力及團隊的空氣汙染《六座城市研究（Six Cities study）》*。

《六座城市研究》從一九七四年開始，團隊從六個選定的地點內隨機抽出八一一一人作為研究對象[1]。這些地點分別是麻薩諸塞州的沃特鎮（Watertown）、聖路易斯的部分地區、俄亥俄州的鋼鐵小鎮史都班衛（Steubenville）、威斯康辛州的波塔吉（Portage）、田納西州的哈里曼（Harriman），還有肯薩斯州的托皮卡（Topeka）。參加者要填寫一份關於體重、身高、抽菸習慣、職業，和病史的表格。每個人都做了呼吸測試。之後每一年，道克力的團隊會寄明信片給每個人確認他們是否還在世。如果沒有收到回覆，他們會派出調查員訪問受試者的家人、朋友，和鄰居，以了解發生了什麼事情。如此持續了十六年。在這期間一共有一九三〇人死亡。死亡人數本身不特別，關鍵在於死的人是誰，更重要的是，這些人住在哪裡。史都班衛和聖路易斯的居民死亡速度快過托皮卡和波塔吉的居民。研究模型已經加入了吸菸、身體質量指數（BMI），還有其他影響健康的變數，但即使如此還是無法解釋各地死亡速度的差異。然而，當他們依據每個城市的空氣汙染來繪製差異圖表時，結論令人大吃一驚。

回想一下以前你在學校做得科學實驗還有根據結果繪製的圖表，裡頭總是有一些不穩定的數據不符合實驗假設。你可能也預期一個十六年的實驗會出現許多變數和異常，但研究團隊卻發現一條空氣汙染科學中最重要的，近乎直線的線性關係。請看圖二，照著道克力團隊的原始資料繪製而成[2]。

由於呼吸著被交通和周圍工廠所汙染的空氣，史都班衛的居民死亡速度比波塔吉快了將近三〇%。而且和一九五二年的倫敦煙霧一樣，人們不止是死於肺部疾病，還有心臟問題。嚴格說來這不是第一份揭露每天暴露在空氣汙染中有害人體健康的研究報告，但其他的研究沒有得出如此明顯的結論。

《六座城市研究》在一九九三年發表後，緊接著又有另一項針對大群美國公民死亡率的研究，這一次是追蹤他們的癌症發展[3]。這些人也一樣因為空氣中的微粒汙染而早逝。突然間大家發現，原來現代空氣汙染對健康的影響比任何人以為的都大得多。即使是六座中最

---

* 關於哈佛公共衛生學院的百年歷史請參考此網頁https://harvardmagazine.com/2013/10/100-years-of-hsph

圖二　六座城市研究的死亡率和微粒濃度表

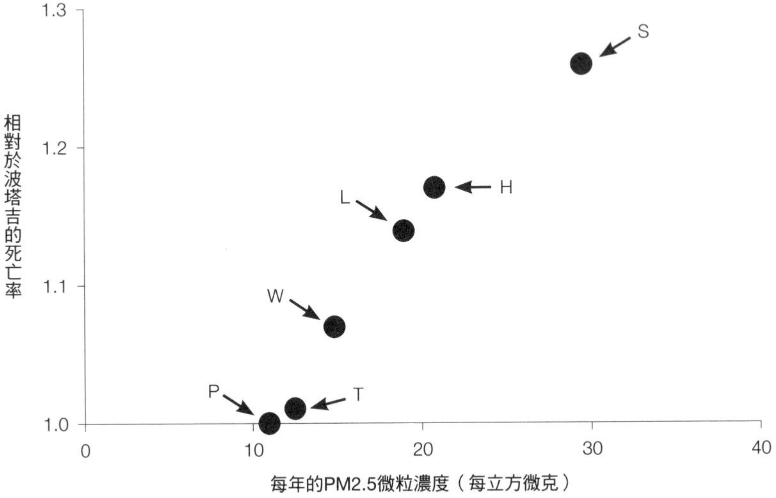

P為波塔吉，T為托皮卡，W為沃特鎮，L為聖路易斯，H為哈里曼，S為史都班衛

乾淨的城市，空氣汙染的影響依然明顯。我們一定要讓空氣更乾淨，甚至比波塔吉的空氣還乾淨。我們需要新辦法，不只是鋼鐵小鎮史都班衛這樣的傳統汙染地區，而是每個地方。

我們需要制定新的汙染法規，設立新的空氣標準來保護人的健康。顯然製造業和汽車廠（這還只是其中兩個產業）需要投入更多資源來清理它們所造成的汙染。但是就像哈根史密特四十年前發現的一樣，既得利益團體會不計一切代價的反抗。

一九九三年發表的《六座城市研究》引起許多的質疑和爭論。和二十一世紀的氣候變遷議題以及一九七〇年代的歐洲酸雨問題一樣，不喜歡研究結果的人開始表示懷疑。道克力如何知道導致人們提早死亡的就是微粒汙染呢？畢竟我們同時吸入所有的汙染物，不是只有微粒*。道克力的團隊無法檢測每一種可能汙染物，所以會不會是那些逃過檢測的呢？有沒有可能是其中一種造成的？每個城市的微粒都來自不同的汙染源所以化學成分也不一樣，怎麼可能會造成相同的傷害？相關性不等於原因；只不過是因為住在汙染較嚴重城市的人提早死亡，並不表示空氣汙染真的造成這些死亡†。死亡率的差異會不會是因為城市之間的其他不同呢，也許是氣候或者是吸菸人數不一樣[4]？會不會研究團隊只是搞錯了呢？空氣中一點點的小小微粒怎麼可能給我們這麼多問題？原因究竟是這些微粒的質量，還是數量？除非政府能完全確認，不能夠隨便破壞公司利益[5]。在這些爭論中，只有很微弱的聲音指出某種東西正在這些城市縮短數以百計人的生命，我們需要馬上採取行動。拖延意味著更多人會提早死亡。

* 其實，《六座城市研究》的確測量了其他汙染物，但是它們和死亡率的關係不顯著。

† 這是流行病學的普遍問題。單單因為兩件事情一起變動並不代表其中一件導致另外一件。研究人員必須衡量其他證據的合理性。

有一個解決辦法是再重新做一次《六座城市研究》，證明結果。但這得花上至少十六年，再加上分析數據的時間，在這中間製造業將依然故我。最後美國國會介入，並決定由一個單獨的獨立研究團隊重新仔細爬梳每一筆資料[6]。最後，在二〇〇〇年，團隊證實最早的研究結果正確：我們每天呼吸進去的汙染微粒正在、仍舊在，縮短我們的壽命。

《六座城市研究》促成了空氣防治管理上開創性的一步。我們從一九五〇年管制汙染源的做法，轉為設定空氣品質標準的新型空氣汙染法規。美國和歐洲紛紛設下標準和限制，國際衛生組織也頒佈了指導方針。

《六座城市研究》的影響不僅止於此[7]。一九九〇到一九九八年間，這八一一一人中又有一三九四人去世。有鑑於原版研究所引起的爭論，研究人員回頭找所有仍然在世的受試者做訪問，評估他們當下的健康狀況和吸菸習慣。再一次，團隊發現了存活率和微粒汙染的直線關係，但是這回還有其他的好消息。整個一九九〇年代，好幾項空氣防治措施開始實施。在這二十六年研究期間微粒汙染有所改善，特別是汙染最嚴重的城市進步幅度最大。在史都班衛和聖路易斯，一九九八年微粒汙染的程度不到二十年前的三分之二。在光譜的另一端，波塔吉和托皮卡的空氣則幾乎沒有進步*。清理空氣確實有效果，而且至少某些對健康有害的影響是可以扭轉的。

《六座城市研究》僅僅針對成年人，那麼空氣汙染對孩童的影響呢？*當道克力和團隊正在哈佛公共衛生學院完成《六座城市研究》時，在南加州吉姆・高德曼（Jim Gauderman）和同事們正開始研究空氣汙染對孩童的影響。高德曼的研究始於一九九三年，當時他剛拿到博士學位，直到今日他的研究依然持續進行。

高德曼的主題和《六座城市研究》不同。因為年齡差異的關係，高德曼團隊無法等到觀察的孩童老去或死亡，於是他們改為觀察孩童的肺部成長情況。在最早的研究計畫中，團隊從空氣汙染程度高低不同的幾個地方中挑選出三千名在學孩童；四年間，這些孩子接受兩次的肺部檢查。他們的身高、體重，和病史也都做了紀錄。研究人員也拜訪了每個孩童的家庭，觀察是否有二手菸、廚房油煙、瓦斯，甚至蟑螂的情況。每個城鎮和鄰里空氣中的汙染也都做了檢測。和《六座城市研究》一樣，高德曼團隊發現我們該擔心的不只是煙霧而已，孩童所呼吸進去的空氣汙染正影響了肺的發育。住在汙染嚴重區的孩子肺部發育比其他地方的孩子慢，差距大概是三％到五％。驚人的是，空氣汙染對肺的影響竟然是家中二手菸的五

* 研究人員在二〇〇九年重新審查一次六座城市的存活者，發現類似的結果。請見Lepeule, J., Laden, F., Dockery, D. and Schwartz, J. (2012), 'Chronic exposure to fine particles and mortality: an extended follow-up of the Harvard Six Cities study from 1974 to 2009'. Environmental Health Perspectives, Vol. 120 (1), p. 965

倍之多[8]。

接下來二十年間，高德曼繼續研究更多的兒童群體[9]。和《六座城市研究》類似，他發現空氣汙染有隨著時間改善並且帶來了一些好消息。後續研究中，呼吸到較少空氣汙染的孩童肺部發育稍微變大。又一次證實了減少空氣汙染能體現正面的結果。

空氣汙染會影響幼童並不是新知識。在一九五二年倫敦大煙霧中孩童是受害最深的群體[10]，但是發現空氣汙染對孩童會造成永久性傷害則開啟了空汙健康研究方面的全新境界。破壞兒童發育和阻礙肺部成長就表示孩子們體內已經累積的傷害或許要幾十年後才會顯露，直到他們邁入老年。二〇一六年皇家醫學院提出了一份報告強調空氣汙染的終身影響[11]，報告中不僅指出對兒童肺部的危害，而且提到影響可能從胎兒在子宮期間就開始了。

要查證暴露在汙染之中的終身影響非常困難。如果我們現在著手進行，大概要花上幾十年才知道今日的空氣汙染是否正危害我們的健康，所以等到結果出爐再採取行動就為時已晚。另一個辦法是回溯人們的生活和他們以前所呼吸的空氣汙染。從二〇〇八年開始，安娜．漢索（Anna Hansell）及團隊在倫敦帝國學院（Imperial College London）花了將近十年挖掘英國的舊空氣汙染檢測數據。漢索替小範圍健康統計部門（Small Area Health Statistics Unit，SAHSU）工作，後者隱身於倫堆聖瑪麗醫院（St Mary’s Hospital）的角落，離亞歷山大・佛萊明（Alexander Fleming）發現青黴素的地點只有幾公尺。

此部門起初並不是研究空氣汙染。它成立的原因是因為在一九八二年一部電視紀錄片裡，約克郡電視台（Yorkshire Television）的記者們發現住在坎布里亞郡（Cumbria）賽拉費爾德（Sellafield）核能反應廠附近的小孩跟青少年罹患白血病的機率很高。賽拉費爾德廠區包含了溫斯喬（Windscale），一九五七年惡名昭彰輻射性火災的地點。政府的調查證實了該區白血病病例密集，但無法確認核能廠是主要原因[12]。由於意識到其他地方可能也有被忽略的小型疾病密集現象，政府正式成立小範圍健康統計部門，觀察工業設施附近的居民健康狀態，提供早期警示。過去二十五年間他們調查了電線、垃圾掩埋場、電信基地，和垃圾焚化爐對附近住戶的影響，另外還有空氣汙染和飛機噪音。

為了找出空氣汙染的長期影響，漢索的團隊從一九七一年的人口普查中隨機抽出一%，包括孩童和老年人在內總共三十七萬人。接著他們追蹤這些人是否在接下來的普查中仍然活在世上。漢索的團隊不可能像道克力的團隊一樣一一拜訪去世者的家庭，他們轉而調閱電子版的死亡證明，同時評估去世者身處其中的空氣汙染程度。經過繁複冗長的電腦運算後，漢索團隊發現主要死亡風險是來自生命最後十年內吸入的空氣汙染。但令人意外的是，更早之前的空氣汙染也會有影響，最早可以追溯到將近四十年前所接觸到的汙染[13]。

許多疾病從染病到死亡需要很長一段時間，所以缺乏立即的症狀不表示我們應該陷入錯誤的安全感裡。為了自己將來的健康，更重要是為了孩子們和未出世的小生命，我們應該要加倍我們的行動。

採取行動不是那麼簡單。應該先從哪一種微粒汙染源下手？如果我們能找出微粒混合物裡哪一部分最有害，就可能更快更有效地處理。可惜健康研究對此方面幫助不大。自《六座城市研究》以來，數不清的研究報告指出此種或彼種汙染源的危害最大，但彼此缺乏一致性。道克力的《六座城市研究》指責燃燒煤炭和石油時空氣中所形成的硫酸鹽顆粒是提早死亡的主要原因。漢索的英國普查研究則認為是煤灰顆粒或二氧化硫。另一種理論相信癥結是出在這些微粒引起了肺部表面的化學反應，癱瘓了人體自然防衛機制[14]，根據這個理論我們必須將目光放到車輛煞車時產生的金屬微粒。我還可以繼續說下去，名單很長。

還有一個選擇是改變我們的想法，別再尋找單一最有害汙染物。我們從來不曾一次只吸入一種汙染物，我們總是吸入混合物。也許我們應該調查哪一種空氣汙染組合對健康的危害最大，而不是單一汙染物？有可能是交通汙染、木材燃燒汙染，或者是煤炭燃燒的汙染組合。打個比方，我們應該要試著從樹木中看見木材。這是我和我的博士生莫妮卡．皮拉尼

（Monica Pirani）正一起著手研究的題目。整個過程是一場和統計模型學的巨大戰役。在納入氣溫和其他變因的情況下，我們發現，二十一世紀初期導致倫敦居民死於呼吸問題的最大風險來自於（絕大部分）春天時歐洲西北部廣大地區所形成的微粒汙染[15]。這是歐文斯在諾福克假期中所聞到的汙染混合物，也是導致斯堪地國家森林枯梢病和一九七〇、八〇年代魚群死亡的相同汙染混合物。這項發現顯示我們必須三管齊下，同時對交通、燃煤工業、農業採取行動。然而，這類型的研究才剛剛開始起步。

身為研究員，空氣汙染科學家傾向把焦點放在上未解開的問題而不是已經知道的事，但這不應該被解讀為不確定，或者成為遲遲不採取行動的原因。微粒汙染縮短人類壽命的證據千真萬確，暴露於空氣汙染之中是全世界提早死亡的最大環境風險因素[16]。

《六座城市研究》對全球健康的影響非常巨大。報告發表將近二十五年後，研究結果依然是我們在判斷微粒汙染折損了多久壽命時的最佳評估資料。在二〇一七年，有史以來規模最大的空氣汙染調查研究了超過六千萬加入美國聯邦醫療保險計畫的美國人，結果再次確認了《六座城市研究》的發現[17]。由於六座城市研究團隊*的努力，我們可以判斷出二〇一五

* Douglas W. Dockery, C. Arden Pope, Xiping Xu, John D. Spengler, James H. Ware, Martha E. Fay, Benjamin G. Ferris Jr and Frank E. Speizer.

年全球有超過四百萬起死亡是因為空氣汙染，佔了全球死亡人數的七．六%[18]，而且這四百萬不全都是老年人。然而，六座城市團隊人員留下的遺產並不是這些數字，而是我們目前已採取以及未來將採取的的空氣清潔行動，所挽救下來的每一條生命。

第三部

今日戰場：現代世界的時髦問題

第八章 來一趟全球汙染之旅

第一章裡我們認識了一些早期的大氣探索家，包括約翰．阿特肯和安格斯．史密斯，兩人都帶自製設備四處旅行，採集空氣樣本。阿肯特從家鄉福爾科客出發，在蘇格蘭各地進行測量。史密斯則是從位於曼徹斯特的實驗室出發。為了符合歐洲當時的旅行潮流，阿肯特和史密斯都在歐洲大陸旅行，主要是法國、瑞士，和義大利。他們探險的方式很像維多利亞時代的植物獵人：攀登山脈，史密斯的例子則是探索礦坑和地下鐵隧道，沿途蒐集標本。兩人的旅行工具則是輪船跟火車，充分利用新蒸氣時代所提供的機會。

不過，十九世紀末期最著名的探險家或許是兩個不存在的人物。一八七二年十月，也是史密斯出版著作的那年，朱勒．凡爾納（Jules Verne）的虛構主角費萊斯．福格（Phileas Fogg）和尚．巴斯巴圖（Jean Passepartout）從倫敦出發，環遊世界。來到今天，如果照著

《環遊世界八十天（Around the World in Eighty Days）》的路線走，我們這趟恢弘的紙上之旅將能充分顯露全球空氣汙染問題的嚴重性、不同大陸之間的反差，以及空氣汙染問題核心裡的環境不平等。

我們就跟著福格的腳步，從倫敦啟程。現在的倫敦比起福格時代大上許多，主要是因為一九二〇和三〇年代所建立的郊區。如果納入外圍城鎮，倫敦的人口總數超過一千萬，成為歐洲兩大巨型城市之一。今日的倫敦和過去仰賴煤炭時期很不一樣。空氣和建築物不再因為煤煙而黑濛濛。取而代之的空氣汙染問題是交通廢氣，尤其是柴油車輛。由於電車系統範圍不夠廣泛而且地下鐵多半集中於泰晤士河以北，倫敦交通非常依賴公共巴士。在倫敦，大概一半的車輛是柴油車；這是歐洲獨有的現象，世界其他地區已經快看不見柴油車的蹤跡。柴油汽車、小巴、貨車，和巴士在歐洲大受歡迎的結果就是全球有將近四分之三的柴油車是奔馳在歐洲道路上[1]。儘管排氣管治越來越嚴格，現實世界中柴油車的排放和實驗室的數據卻截然不同，表示倫敦的空氣汙染戰鬥對象包括了二氧化氮和微粒。倫敦不符合世界衛生組織設定的空氣汙染標準。二〇一七年有些道路仍然超出歐洲汙染法規的兩倍以上，而且多年以來倫敦總是在一月的第一周內就超過了年度空氣汙染限值。空氣汙染是倫敦媒體上爭執不休的話題，尤其是《標準晚報（*Evening Standard*）》。在倫敦市民看來，還有很多工作要做。

踏出首都，出現了另一種看法。國際間似乎認為倫敦是領先全球的空氣汙染創新者。新方案包括交通擁擠稅，針對進入市中心區的駕駛徵收費用然後用在公共交通系統上。倫敦也有世界最大的低排放區，禁止汙染最嚴重的貨車和巴士進入。

英國的島嶼狀態影響其世界觀，也決定了英國人對空氣汙染的看法。不過，歐洲只不過距離幾個小時的航程，最好將倫敦視為歐洲人口最稠密地區西部的一部分，這個地區橫跨了英吉利海峽和北海，包括英格蘭南部、比利時、荷蘭、法國北部工業區，和德國魯爾工業區。這些地方都分享著一樣的受染空氣。

倫敦距離凡爾納在巴黎的家只有三百公里，這裡是歐洲另一座巨型城市。由於微粒汙染可以在大氣中停留一周以上，空氣流通成了巴黎空氣汙染的關鍵。相形之下，英國是幸運的；大西洋的強大西風將空氣汙染吹向英國的東側，橫跨到歐洲大陸[2]*，改善了空氣品質。這也解釋了英國為什麼是一九七〇和八〇酸雨問題年代歐洲最大的汙染出口國（詳見第六章）。如果我們順著風勢向東前行，將毫無意外地發現空氣汙染越趨嚴重。這是因為汙染

---

* 想要更加了解歐洲空氣汙染狀況，可以參考歐洲環境署（European Environmental Agency）的年度報告。

物的堆積，再加上東歐在工業和家戶暖氣上使用更多的煤炭。波蘭就因為使用煤炭成了空氣汙染的熱點。

再往北走，整個斯堪地那維亞地區的空氣汙染大致比歐洲其他地方輕微很多。人口少因此空汙排放也少，微弱的陽光也表示能驅動空氣中化學反應的能量較小。但是斯堪地那維亞有一個北歐地區獨有的問題，原因是冬季道路打磨和裝釘的冬季輪胎。在冬天所有人都要幫車子換上冬季輪胎。很多輪胎上有小小的金屬足球型防滑釘，後者可以抓住冬天路面上的冰和雪，但也會把道路磨損成塵土。春天時走在斯堪地那維亞或冰島的城鎮街道上，你會看見水溝裡堆滿了塵土，路上貨車和巴士後頭也捲起一股股灰塵。掃街的效果有限，因為每一台車都會從路面上刮起新塵。化學物質能抑制塵土飛揚，但長遠來看，比較好的做法是拿橡膠製的強化冬季胎面輪胎取代金屬防滑釘輪胎。斯堪地那維亞半島豐富的森林資源也表示到了冬天人們經常燒木材取暖，因此煙中富含煙灰顆粒和有機化學物質。

福格和巴斯巴圖搭乘火車到地中海。該地的陽光充滿了驅動化學反應的能量，產生某些類型的空氣汙染。夏季的乾燥氣候造成粉塵飛揚，助長了微粒汙染問題。鄰近的撒哈拉沙漠更是加劇了地中海的困境，因為沙漠的沙塵也摻雜在微粒當中。西歐某些國家不同於英國與荷蘭，對柴油燃料實施大幅稅收優惠，絕大多數車輛都是柴油車。地中海的國家則流行小型摩托車，因為缺乏像大型車輛的排氣防治，成為都市空氣問題的另一汙染源。

搭乘火車旅行時，福格和巴斯巴圖繞過了阿爾卑斯山。這一帶每到冬天，寒冷山谷中總會聚集來自木材燃燒和交通工具的微粒，導致許多瑞士小鎮、法國格勒諾柏（Grenoble）和隆河（Rhône）岸區的汙染問題。

火車接著把兩人載到了義大利北部的波河河谷。誠如之前所說，這是歐洲汙染最嚴重的地區之一。在這裡，人口密集並且工廠叢聚，搭配上頻繁的微風和炙熱陽光，正是讓空氣汙染徘徊不散的理想條件，而且導致地面形成臭氧、微粒汙染，和二氧化氮等問題。

從義大利的布林迪西（Brindisi），福格和巴斯巴圖乘船到了蘇伊士運河，然後沿著紅海航向孟買。整片中東地區裡，乾燥的氣候和風吹起的塵土加深了石化工業帶來的問題，很接近哈根史密特在洛杉磯發現的現象，表示微粒汙染和臭氧肆虐整個地區。沙塵暴被視為這兒自然環境的一環，但並不是無害。它們除了引起呼吸道疾病、心血管病變、流行性腦脊髓膜炎、結膜炎和皮膚刺激，還有那些因為道路能見度降低導致交通事故而受傷或死亡的案例[3]。塵土通常是由富含礦物質的顆粒組成，進入人體會對肺部有害。我們這些住在潮濕地區，鮮少看過沙塵暴的人往往以為沙漠塵土就像我們拿來製作水泥的沙子一樣。但比較正確的形容其實是被風吹起的土壤。後者不像建築用沙般無菌，反而充滿有害的生物性和植物性材料。甚至有些沙塵暴不算完全自然，而是因為當地的農業法，以及抽取河流湖泊中的水造成土壤暴露被風侵蝕所引起。沙塵可以傳播很遠。二〇〇七年五月，來自中國塔克拉瑪干沙漠（Taklamakan）的沙塵雲只花了短短十三天就完成了環遊地球一週的壯舉[4]。

紅海和海灣（Gulf）的東邊是伊朗和其首都德黑蘭（Tehran），全球空氣汙染的高峰區。但更往東去，橫跨印度和東亞，我們發現了世界上最糟糕的空氣汙染。印度和中國是世界上人口最多的兩個國家。整個地區，包括了巴基斯坦、孟加拉，和印尼，就住了地球幾乎快一半的人。在這兒，城市裡有已開發國家的交通汙染，有典型開發中國家管制不善的工業汙染，也有世界最貧窮地區露天焚燒木柴和垃圾來煮飯的汙染，而且三者經常在同一條街上。印度和孟加拉的居民暴露在濃度最高而且惡化最快的微粒汙染中[5]。北京也因為中國大量燃煤而取代倫敦，成了全球最典型的霧霾城市。雪上加霜的是，中國大部分地區還有來自內陸乾燥地區的沙塵暴襲擊。

穿越印度之後，福格和巴斯巴圖航向印尼。這裡的農業焚燒（更精確地說是森林和泥地焚燒），會在遠方的新加坡和吉隆坡引發空氣汙染。這不是自然大火，而是土地管理和森林清理的一種做法。據估計，在聖嬰年份火勢最嚴重時，造成的空氣汙染可以導致印尼和東亞地區每年多達三十萬人死亡。

朱勒．凡爾納寫書的時候，香港仍然是大英國協的一部分，如今則是中國的特別行政區，也是世界最大的港口。我們的全球之旅來到這一站，也該提一提航運業這個空氣汙染源。福格和巴斯巴圖的交通工具是燃煤蒸汽船。今天的航運業則是使用富含硫的重燃料油。不管檢測歐洲任何地方的空氣，你會發現釩。這是一種運輸燃料中的金屬，從船的煙囪排出。沿海城市和港口城市的航運汙染最為嚴重。在香港，籠罩全島的航運汙染已經被證實和心臟病、心血管疾病的急診人數上升有關[7]。

福格和巴斯巴圖的下一站是日本，然後才穿越太平洋到加州，接著走陸路到紐約。在已開發國家間旅行你會發現城市裡交通擁擠。你可能會因此以為它們都有類似的汙染問題，但其實彼此間大有不同。日本和美國以汽油車為主，歐洲則是柴油當道。幾年以前我曾接待幾位來訪英國的日本科學家。我們各自分享所住城市的空氣汙染數據，東京的測量結果令我震驚不已。當地汽油車為王的道路上，微粒汙染和二氧化氮只不過是倫敦柴油車道路上的一小部分。城市的暖氣燃料也有不同；天然氣在歐洲礦藏豐富於是成為暖氣系統的不二選擇，而紐約的摩天大樓則是燃油取暖，帶來重金屬和硫微粒汙染。

洛杉磯和舊金山的空氣曾經是夏日煙霧的代名詞，今天則比哈根史密特時代改善許多。這得歸功於政府對車輛和工業的嚴格管制，還有加州空氣資源局的貢獻，但這不表示戰爭已經獲得勝利。加州仍然是全美臭氧汙染最嚴重，也是微粒汙染最糟糕的地區。在美國西岸的汙染源自於交通，東岸則是工業燃煤和燃油。美國境內比較寒冷的地區還多了冬季燃燒木材的問題，尤其是西雅圖和蒙大拿一帶。

橫跨大西洋最短的距離是坐船和飛機往北，然後走一段大圓弧線。雖然福格和巴斯巴圖沒有北上拜訪冰島，但這裡值得我們稍微駐足。經常收看電視或收聽廣播新聞的人這幾年應該都已經知道怎麼唸冰島的火山名了。二〇一〇年，愛亞法拉冰蓋（Eyjafjallajökull）火山爆發的火山灰導致整個歐洲西北部的飛機滯留地面，二〇一一年格理姆火山也一樣（Grímsvötn）。格理姆火山的灰造成英國和歐洲的微粒汙染，但火山灰還不是唯一需要擔心的事。二〇一四到一五年間巴達本加火山（Bárðarbunga）爆發，噴出的二氧化硫氣體蔓延到英國和愛爾蘭，甚至連挪威都聞得到*。雖然這和一七八三到八四年間拉基火山（Laki）爆發相比規模小得多，後者噴出的大量硫磺氣體遍佈全歐洲然後形成小小的硝酸鹽微粒，植物枯萎，掉落地面。英格蘭死亡人數增加了一〇%到二〇%，從荷蘭、法國、義大利，和瑞典都有呼吸問題和死亡人數增加的紀錄。如果爆發發生在今天，估計會讓歐洲每年空氣汙染死亡人數增加十四萬兩千人[8]。

繞到南方的話將會經過一些大西洋群島，其中包括特內理費島（Tenerife）和維德角（Cape Verde），兩地都有全球大氣觀測網（Global Atmosphere Watch）的觀測站。全球大氣觀測網共有超過三十個觀測站，全都處於偏遠地區。最著名的是在夏威夷的茂那羅亞山（Mauna Loa），已經追蹤二氧化碳的全球變化長達數十年之久。這個地處偏遠的觀測網默默地觀察著人類活動所帶來的大氣成分變化。這些改變包括催化氣候變遷的二氧化碳增加，另外也監測到美國水力壓裂活動所外洩的甲烷正散佈到世界各地。位於特內理費島、維德角、亞述群島（Azores），和阿爾卑斯山上的觀測站都偵測到美國水力壓裂地區所散逸的天然氣[9]。

跨過大西洋之後福格和巴斯巴圖降落在當時的皇后鎮，如今稱為科夫（Cobh），靠近愛爾蘭的科克市（Cork）。這裡是鐵達尼號最後的停泊港，也是許多愛爾蘭人移民美國的登船

---

* 關於二氧化硫散佈到英國和愛爾蘭的報導 https://www. theguardian.com/environment/2014/sep/28/pollution-iceland-ireland-sulphur-dioxide.

地點。愛爾蘭有一些獨特的空氣汙染問題。位於西風帶雖然表示經常有來自大西洋的新鮮空氣，但由於愛爾蘭距離北海及歐洲大陸非常遙遠，所以天然氣管線的發展緩慢。天然氣管線一直到一九九〇年才連到愛爾蘭，比起英國本島開始使用天然氣為暖氣燃料整整晚了二十年。雖然愛爾蘭是少數符合歐洲空氣汙染規定的國家之一，由於天然氣不普及，小城鎮冬季時的空氣仍然因為家家戶戶燃燒木材和煤灰而充滿了微粒汙染，成了愛爾蘭獨有的空汙挑戰。

福格和巴斯巴圖最後從愛爾蘭前往利物浦，然後乘火車回到倫敦結束八十天的旅程。他們環遊世界的路線幾乎都在北半球，因為可以利用沿海和陸路的貿易路線。南半球由於海域廣大，土地相對稀少，即使在煤炭和蒸氣時代主僕兩人要旅行也不容易。全球氣候模式使得南北半球的空氣彼此隔絕，只有極少部分混合。直到今天描述南半球的空氣仍然是項挑戰，因為汙染監測系統仍未充分發展。

在中東以及大部分亞、非洲測量站的數量相對稀少。截至二〇一五年全非洲只有十五個觀測站[10]，巴黎一個城市的觀測站就是前者的三倍以上。烹飪時在室內燃燒固體燃料是非洲許多地方空氣汙染加劇的原因。室內燃燒糞便、木材，和煤炭導致二百八十五萬人的死亡，也對兒童期肺炎等疾病造成的兒童死亡率有巨大影響。非洲工業化程度較高的地區也存在著問題。其中一個例子就是尼羅河三角洲，此處開採石油和天然氣時的火焰會造成空氣汙染，並且朝著內陸飄散數百公里遠[11]。

澳洲和紐西蘭的空氣比地球大部分地方都乾淨。澳洲政府經常指出，相較於世界標準，當地空氣相對清淨。但並不表示這就是最乾淨的狀態。根據國際清潔運輸委員會（International Council on Clean Transportation），澳洲在移除道路燃料中的硫汙染方面落後許多已開發國家[12]。據估計，每年在雪梨約有四三〇人因為微粒汙染提早死亡，另外有一六〇人是因為臭氧，還有超過千人住院治療[13]。森林大火也加重了城市的汙染問題。近年來雪梨的空氣淨化工作始終停滯不前，大家可能不曉得其實約有一半的微粒汙染是來自家用燃木供熱。這個問題在更南更寒冷的塔斯馬尼亞島（Tasmania）更加嚴重。

紐西蘭的大小和英國差不多，人口卻不到十分之一。既然距離世界任何其他地方都超過兩千公里遠，大家都以為空氣汙染會很低。大部分的紐西蘭影像都顯示出大自然的美麗和純淨。現實並非如此。許多城鎮空氣中的微粒汙染濃度超過了國際衛生組織的建議。紐西蘭的空汙問題主要來自本身。不像歐洲是為了柴油車頭疼，也不像東亞、歐洲、北美是因為工業和人口過於密集。這裡主要的問題是家庭暖氣系統。

因為紐西蘭的煤礦和天然氣有限，電費又貴，當地居民依賴木材來取暖，特別是南島。基督城的微粒汙染已經超過國家標準，甚至南島其他若干小鎮也一樣[14]。房舍保溫效果差加上缺乏燃料導致冬季死亡率和兒童氣喘比例偏高。

清新空氣學會（The Clean Air Institute）強調約有一億拉丁美洲人口居住地的空氣汙染超過世界衛生組織的建議[15]。在這塊大陸上，早期死亡和照顧空氣汙染病患的成本每年高達二十到六十億美元。這塊充滿矛盾的區域，有些國家沒有任何空汙防治機制，但包括墨西哥城（Mexico City）、波哥大（Bogotá）、聖保羅（São Paulo），和聖地牙哥（Santiago）等某些城市卻有亮眼的進步。和世界其他地方很像，拉丁美洲主要的空汙問題是微粒汙染、臭氧、工業管理不善、燃料，還有交通。南美最大巨型城市聖保羅的空氣化學成分獨特，起因於一九七〇年代巴西政府對石油危機的回應[16]。當時原油價格飛漲而且甘蔗價格碰巧下跌，而巴西盛產甘蔗。這場完美風暴正是開啟國家乙醇計畫的大好時機。汽車燃料從僅含一〇%的乙醇變成幾乎全部是乙醇。一九八〇年代因為原油價格下滑加上巴西外海發現了原油，情況又開始逆轉。這些波動的結果是，巴西車輛多半有「彈性燃料」系統，車主可以根據燃料價格決定要使用汽油還是乙醇。和世界其他地方相比，不同燃料代表不同的空氣汙染；乙醇消耗增加帶來的是臭氧汙染的惡化。甘蔗還會造成另一種空氣汙染。每年五到十月甘蔗收成後農民會燃燒廢棄作物，巴西大部分地區都可能受到煙霧影響。

一趟現代環球之旅揭露了不同城市、國家，還有區域所各自面臨的挑戰。我們來更深入探討某些地方，就先談談二十一世紀初期最惡名昭彰的空汙城市，北京吧！

這座中國首都是在二〇〇八年奧運開幕的前幾個月開始得到了現在的名聲。當時大家對於運動員受到空氣汙染影響的程度表示擔心，但幾乎找不到可用的實際數據。事情在二〇〇八年七月出現轉折，美國駐北京大使館的屋頂突然發出一條簡單的推特。為了服務美國公民，大使館裝設了測量空氣汙染的設備。使館人員沒有拿數據做成無人問津的報告，而是直接把設備連上推特。一夕之間，北京的空氣汙染無所遁形。每個小時帳號@BeijingAir就會發一條推文，就像礦坑內關在籠中的金絲雀一樣。

這套設備，還有最關鍵的推特發文，改變了中國甚至全世界空氣汙染管制的走向。它迫使中國的空氣汙染從政府機密變成頭條新聞。美國大使館不僅給出簡單的數據，還依據美國環保署的健康建議將測量結果轉換成具體的品質描述像「良好」、「中等」、「對體質敏感者有害」、「不健康」、「非常不健康」，或「危險」等訊息。霎時間，北京空氣被客觀地審查，而且在毫無外交粉飾下放送到世界各地。北京政府試著下架訊息，但美國大使館始終不讓步[17]。

媒體對北京的關注在二〇一〇年來到巔峰，因為使館量測到的數值已經突破美國環保署汙染評量表上限，從「危險」跨到未知的領域。下一條推文只簡單地說「瘋狂糟」。北京取代了倫敦的煙霧之城地位，中國政府背負的壓力也越來越大，不能再袖手旁觀。

二〇一二年新中國法規頒布，七十四座城市內共一三八個觀測站開始發布空氣測量數據，另外還有一九五個試跑站[18]。測量的結果看起來並不樂觀。北方城市受燃煤二氧化硫的影響比南方城市大，但臭氧汙染卻是全國性問題。中國一般城市的微粒汙染幾乎是世界衛生組織建議量的六倍。有些微粒汙染源近年來才出現，是整個國家快速工業化的後果。新建的電廠和工廠肆無忌憚地燃燒大量的煤。也有些是舊汙染，包括農業焚燒和家庭暖氣。所有的汙染物混合在一起形成了再生成微粒和臭氧，包圍了整個中國。所以北京的空氣汙染並不全然是北京的問題，鄰近地區也需要防治汙染。

二〇一三年一月，北京經歷了自二〇〇八年以來最糟的煙霧。美國大使館再度發出「瘋狂糟」警告，政府再也無法忽視人民自己眼睛看到、鼻子聞到，嘴巴嚐到的東西。一夜之間中國媒體報導空氣汙染的態度出現一八〇度大轉變[19]。標題醒目的批判文章紛紛出籠，像《中國青年報（*China Youth Daily*）》的文章《缺乏回應行動比煙霧更令人窒息》，社會態度為之一變。

中國對空汙檢測的投資令人驚豔。二〇一二年時還沒有公開測量系統，到了二〇一四年全國三六七座城市裡共有一千三百個檢測站。這套網絡比英國的系統大了十倍，而且只花兩年就完成。網絡的檢測結果顯示北京並不像媒體所言是中國汙染最高的地方；微粒汙染最嚴重的地區其實是快速發展的城市密集帶。名列前茅的包括河北省和天津省，但其實空汙的範圍很大；中國有十三億人民所呼吸的空氣違反了世界衛生組織的建議標準。空氣汙染增加了全國十五％的死亡率（每年約有一百七十萬人提早死亡），而且四〇％中風死亡的病例也和空氣汙染有關[20]。

悲傷的是，中國追求經濟成長的代價是犧牲環境，但罪魁禍首不僅僅是工業。中國許多空氣汙染問題早在大規模工業之前就出現。新測量網絡還顯示，就空氣汙染而言中國境內像是有兩個國度，以淮河和秦嶺為界。這條分界線存在的原因並非地理特徵，而是一九五〇年代的中央政府政策。淮河秦嶺這一條線的冬季均溫大約是攝氏〇度。以北較冷的地區，政府會免費或以非常低廉的價格提供煤炭供家庭使用，而且許多城市和鄉鎮都蓋了高度汙染的燃煤暖氣系統。溫暖的南方沒有這些。這項政策被形容為「對人體健康造成災難性危害」[21]。淮河和秦嶺以北因為多了燃煤的空氣汙染，人民平均壽命少了三・一年。北方人多半因為心臟和肺部疾病早逝，符合曝露在空汙下的情況。中國空氣汙染的後果已經大到政府無法不採取行動，短短不到十年的時間，中國從隱匿空汙數據搖身變成全球空汙管制的領頭羊。

因為缺乏測量數據而遮掩住中國空汙問題的情況也發生在世界許多其他地方。雖然歐洲、北美，還有日本都已經立法推動建立空汙測量網絡，但其餘各地的空氣汙染數據卻非常稀少，有些地方根本付之闕如。

沒有一套空氣汙染測量方法是完美的，而且我們也無法進行全球測量，所以要怎麼充份利用手頭上有的不完美數據呢?這是蓋文．沙迪克（Gavin Shaddick）在愛克塞特大學（Universoty Exeter）的工作。沙迪克描繪全球空汙分布的方式和早期四處採集空氣樣本的維多利亞時期探索者截然不同，也和我跟團隊所做為期二十五年的持續追蹤測量不一樣。沙迪克不用四處旅行，甚至不需要離開他的辦公桌。他和世界衛生組織合作，利用衛星資料、地面測量數據，還有電腦模型推斷出的汙染程度來繪製全球空氣汙染分布圖[22]。

如果根據報紙頭條標題，你應該會以為汙染最嚴重的地方是北京、歐洲，和北美。沙迪克的地圖則呈現出一條微粒重汙染帶：從西非展開，穿越撒哈拉沙漠和中東（此處的沙漠風塵加重了微粒汙染），經過印度北部（尤其是恆河四周）然後貫穿中國。接著，他在汙染圖上加上各地人口分布便於評估空氣汙染對全人類的影響。

評估的結果令人震驚。二〇一六年全球九十五％人口所呼吸的空氣未達世界衛生組織建議而且情況越來越糟，尤其是本世紀初期。中國、印度、巴基斯坦，和孟加拉的人正暴露在極度微粒汙染之中。全球因為微粒汙染而提早死亡的人數從一九九〇年的三百五十萬人增加到二〇一六年的四百一十萬人，其中有一半是在中國和印度[23]。人數上升最多的則不是中國，而是印度和孟加拉。目前微粒汙染已經是全球排名第六大的死亡風險，僅次於高血壓、吸菸、高血糖、過重，和高膽固醇。比較好的消息是有些地區確實改善了；歐洲每年因空汙而提早死亡的人數從三十三萬降到二十六萬，雖然這仍然超過美國人數的三倍。奈及利亞的早期死亡人數則是從一九九〇年七十七萬人減少到二〇一五年的五十一萬人。

哈根史密特致力研究的汙染物，臭氧——也造成很大的傷害。二〇一五年共有二十五萬四千人因為臭氧而提早死亡，是全球排名第三十三的死亡風險。印度的臭氧汙染自一九九〇年起急遽惡化，占了全球臭氧死亡增加人數的六七％[24]。自一九九〇年到二〇一五年，世界人口密集區的臭氧濃度上升了約七％，但各地的變化不一。北美洲臭氧減少，歐洲些微增加，最大幅度的上升則出現在東南亞人口最稠密的幾個國家還有巴西。

正如哈根史密特所注意到的，臭氧也會影響植物和農作物。臭氧在全球導致小麥損失七％到十二％，黃豆損失六％到十六％，白米和玉米則損失約四％。歐洲的農作物因為臭氧而減少二％，但臭氧在印度和其鄰近地區造成的傷害則顯著很多。後者住了地球上三分之一的營養不良人口，而臭氧讓這裡的農作物收成少了二十八％。臭氧對農作物的危害上升可能是印度努力生產更多糧食結果農作物卻生長緩慢的一個原因。農業危害對當地飲食的影響甚鉅；舉例來說，在多數人口吃素的印度，豌豆和綠豆為主要蛋白質來源，但臭氧造成這兩者產量減少了二〇到三〇％。

受到影響的不只有農作物。在全球，臭氧極有可能破壞了樹木的生長，傷害木料產業，而且拉低了樹木吸收二氧化碳的速度，這可是空氣汙染和氣候的重要互動。臭氧的危害除了不均地分布世界各地，甚至某個地方所排放的臭氧形成汙染物還經常影響到其他地方。其中一個例子是來自北美洲的汙染物導致歐洲農作物減產[25]。

哈根史密特對臭氧的調查讓我們知道臭氧主要來自交通排放和煉油工程，而且發生在炎熱的夏季。隨著我們對這項汙染物認識越深，我們可以看出全球的臭氧量節節上升，很像二氧化碳。巴黎今日的臭氧汙染是一百年前的兩倍之多。北半球的溫帶地區由於冬季累積下來的汙染物一口氣在暖暖春陽下交互作用，臭氧總是在春天飆升。南半球雖然工業化程度較低，但是土地和森林大火製造的汙染物也造就了熱帶地區的臭氧季節。這表示臭氧已經和氣候變遷一樣成了全球問題[26]。

二〇〇八年英國皇家學會（Royal Society）曾呼籲全球簽署一項控制世界臭氧汙染的國際公約[27]，但至今無人理會。目前世界各國對於管制破壞健康和農作的地面臭氧毫無合作，和控制平流層臭氧的共識形成強烈對比。值得注意的例外是在冷戰期間簽訂，防治酸雨汙染的歌德堡協議（Gothenburg protocol）。協議內容涵蓋了某些易形成臭氧的汙染物，但只涵蓋了歐洲和北美。在歐洲、美國、日本以外的地區，臭氧相關的工業汙染管制非常稀少。即使在已開發國家，農耕和舊礦坑所散溢的甲烷、木材和森林燃燒的排防也多半是法規的漏網之魚。隨著無法可管的臭氧汙染源增加，情況不見好轉反而越來越糟，包括塗料、印刷油墨、黏合劑、清潔劑，還有家中所使用的個人護理產品[28]。

臭氧汙染在二〇〇九年出現了令人擔憂的發展，一種新型的臭氧煙霧橫跨了美國猶他州的尤因塔盆地（Uinta Basin）。這是一塊北方和東方有山環繞的大片平地，冬季時頗為寒冷。有一次異常事件發生時地面積雪多達二、三十公分，臭氧值卻攀升到只有夏天才有的數字。但這裡可以說沒有一處符合洛杉磯煙霧的條件。類似的情形五年前也發生在鄰近的懷俄明州，導致該州的臭氧量違反了美國的臭氧標準。有了這些背景資訊，猶他州研究員開始著手找出答案。起初他們調查了所有已知的臭氧汙染源，但仍然解釋不了為什麼。

和懷俄明州一樣，猶他州的尤因塔盆地近年來開始了頁岩壓裂。作法是往地面下灌入大量液體壓碎岩石來採集石油和天然氣。頁岩壓裂極具爭議性，英國綠黨（Green Party）領袖卡洛琳・盧卡斯（Caroline Lucas）甚至因為包圍英國兩處試驗壓裂井而遭到逮捕（一處位於英格蘭東北處，靠近沿海小鎮黑潭（Blackpool）；另一處則在瑟賽克斯郡（Sussex）的東南部）。根據《華盛頓郵報（*Washington Post*）》*，二〇一〇到二〇一六年間美國境內共開鑿了十三萬七千口壓裂井。每一口井外洩了多少瓦斯，還有管線長度跟設備數量根本完全無法估算。於是研究人員乘坐著加裝了設備儀器的飛機飛過油田和瓦斯田上空，測量下方地面有多少外洩。一架飛過尤因塔盆地的飛機終於找出冬季臭氧的答案；壓裂井的甲烷外洩超過預估值多達四〇％。在冬天，甲烷被困在靠近地面的冷空氣中，陽光反射在雪面上時便生成臭氧。

美國頁岩天然氣田上更多的飛行調查揭露了大量甲烷的來源，不過這些地區也有會產生甲烷的養牛場。頁岩天然氣業者大可以把矛頭指向農夫們。因此，這兩者的測量數據一定要分開。幸好頁岩天然氣也含有乙烷，而乙烷並不是像農業等自然汙染源的產物。同時參考乙烷和甲烷的數據就能看出頁岩天然氣和石油開採絕對是主要來源，而不是農夫。有些鑽探頻繁的地區成了有名的「超級排放者」，可見這個階段的外洩是天然氣生產過程中最糟糕的[30]。

乙烷可以在空氣中停留好幾個月，因此是追蹤全球天然氣外洩軌跡時的有效工具。過去三十年間，全球大氣觀測網持續測量我們的大氣成分。其中一座觀測站座落於阿爾卑斯山少女峰的峰頂。大抵來說，這個站測量結果很不錯，自一九八〇年代起乙烷因為歐洲瓦斯業管制越來越嚴格而日趨減少。突然間在二〇〇九年，正是美國展開大規模壓裂行動之際，乙烷數值逆轉了[31]。乙烷開始增加，而且幅度還不小，以每年五%的速度上升。這表示天然氣開採時外洩造成了全球甲烷的暴增。

仔細觀察全球各偏遠地區的測量結果就會發現顯著的差異。並不是每個地方的乙烷都上升。在紐西蘭南島的勞德（Lauder），乙烷的發展和南半球其他地方一樣，是持續緩慢下降。美國東部、大西洋島嶼，和整個西歐地區的情況則截然不同，全部都看到乙烷增加。大抵來說，全球的空氣流動是往東走，所以看上去新的乙烷來源是美國。存在石油和天然氣中但停留時間較短的丙烷也能證實這項推論。又一次，全球大氣觀測網在美國東部和大西洋†

* 這篇文章有很棒的圖表資訊，包括從太空中拍攝到的焰燒圖：https://www.washingtonpost.com/graphics/national/united-states-of-oil/

† 位於維德角、加那利群島（Canary Islands），和冰島上的觀測站。

的觀測站偵測到丙烷增加，美國的幅度卻十分駭人。美國西部的丙烷略為減少，但東部則是急遽增加。幾乎可以肯定上升的原因是天然氣和石油在美國大規模的開採。美國的甲烷外洩量可能為官方估計值的兩倍，而且正對全世界造成影響。我們顯然需要更好的管制辦法。

到二〇二〇年，阿帕拉契盆地（Appalachian Basin）中壓裂活動頻繁的馬賽勒斯（Marcellus）和尤地卡（Utica）地區估計每年會有一〇〇到八〇〇人因為臭氧和微粒汙染而提早死亡；這一大塊區域橫跨美國好幾州[33]。壓裂熱潮也席捲了歐洲人口最稠密的地方，包括丹麥、立陶宛、羅馬尼亞，特別是波蘭[34]。由於對俄羅斯進口的天然氣日益依賴，還要達成碳排放的減量目標，頁岩天然氣的開採勢必會繼續。或許最後會有令人欣慰的發展：如果頁岩天然氣能夠讓高汙染的燃煤工業和發電廠走入歷史，或者取代紐約的昂貴燃油暖氣系統，那對都市空氣汙染的確有幫助。不過，這不應該成為天然氣產業管制不善的藉口。

經常用來合理化壓裂開採的理由之一是，天然氣是從燃煤時代過度到低碳未來的橋樑。沒錯，燃燒天然氣排放的二氧化碳比起燒煤低很多。然而天然氣的主成分是甲烷，本身就會造成全球暖化。所以天然氣只有在外洩嚴加控制，不超過二%到三%的條件下才對氣候變遷有幫助。天然氣田上空的飛機偵測到的外洩率至少介於〇．一八到二．八%之間，而且這還是輸送到使用地點之前[35]。因此，對氣候變遷來說，美國的頁岩天然氣並沒有比煤炭好。

那麼為何我們可以就破壞平流層臭氧的化學物質達成協議，關於地面臭氧的國際合作卻一敗塗地？管制平流層臭氧要做的是禁止原本用在冰箱、噴霧劑，和滅火器。這些化學物質來自少數幾間公司而且市面上也都有幾乎一樣的替代品。人們不需要改變生活方式，只要調整一些科技產品。管制地面臭氧則必須重新思考人類使用石化產品和天然氣的方式，問題會延伸到土地管制，這就困難許多。但是，缺乏國際行動將會使臭氧對人類健康和農作物的傷害越來越大。

要如何減輕空氣汙染對健康造成的嚴重負擔，眼下這顯然是巨大的挑戰；資源越少的國家，挑戰越大。印度及周邊國家日益惡化的空氣品質需要迫切的行動。如果國際經濟發展計畫中少了空汙策略，都市化和工業化的好處將會被節節高升的死亡率抵消。

都市擴張帶來新機會，但也丟出了新挑戰。二〇一五年人類史上首次有超過一半的人口住在城市裡。然而，同一年裡只有十二%的都市人口呼吸著符合世界衛生組織建議的空氣。全球半數巨型城市的空氣汙染都超過建議至少二·五倍，而且越來越惡化[36]。即使是比較富裕的大陸像歐洲和北美，我們也看不出空氣汙染有減少的情況。目前清理空氣的技術性策略不見成效，有時雖有進展卻因為其他趨勢又退回了原點，比方說歐洲越來越多的柴油車和木材燃燒（請見第十章和第十一章）。不斷擴張的都市化導致全球健康問題日益嚴重。我們比過去任何時候都需要改造現有的城市，透過設計，透過減少對道路運輸的依賴，還有透過提供家家戶戶乾淨能源。新城市必須能永續運行，所以要保持低能量消耗，減少交通運輸和汙染。這表示我們應該投資在將近十億居無定所的都市貧窮人口，使他們接近城市帶來的經濟機會。一旦城市建成，就很難改變它的具體形態和土地用途，甚至長達好幾個世紀。如果我們現在做出錯誤決定，將付出沉重的代價。

第九章　微粒的計算與當代空汙之謎

一九九六年，蘇格蘭科學家安東尼．希頓（Anthony Seaton）正在思考當代空氣汙染之謎[1]。英國城市內的煤炭燃燒已經受到控制而且顆粒汙染比過去幾個世紀要低，但《六座城市研究》剛剛證實了人們因為顆粒汙染而提早死亡。這個問題也出現在英國，倫敦剛剛經歷了首次因交通汙染引起的冬季煙霧，約有一〇一到一七八人因此身亡[2]。

希頓是名醫生。他在南威爾斯時是胸腔外科醫師，一九九〇年代中期他到愛丁堡的職業醫學研究所（Institute for Occupational Medicine）擔任所長[3]。前身為政府實驗室的研究所針對在多塵環境下的工人展開研究，像是礦坑和工廠。這是拼圖的第一道難題。很多工人在工廠內呼吸的空氣汙染是外面顆粒汙染的數百倍，甚至上千倍，但他們多數仍然保持身體健康*。但是，一般人在城市或鄉鎮所呼吸道的汙染卻會縮短壽命。另外一個難題是空氣汙染如何導致死亡。提早死亡的原因不僅僅是肺部疾病。道克力的六座城市團隊才剛發現死亡原因還包括心臟病跟中風。

測量我們呼吸空氣的標準和規範長期以來是基於微粒的質量，通常以微克每立方米為基準。我們以盎司、公克、公斤，或者噸數來購買糧食和商品，所以著眼於物質的重量很合理†。但為什麼在多塵非洲大陸上演化的人類種族會因為極微小的顆粒濃度受到這麼大的傷害？這困擾了毒理學家許多年。和當初人類演化的環境相比，今天的空氣汙染顯然有所不同，不僅僅空氣中顆粒數量更多而已。

當代汙染的化學成分絕對是一大差異。我們呼吸著祖先未曾遇過的汙染物。還有一個就是自然環境顆粒和都市空汙顆粒在數量和大小上的不同。人類自古以來就暴露在各種顆粒之中，但多半是土壤、花粉、海鹽等比較大的顆粒。現代空汙的顆粒則小得多，也因為如此所以能夠深入肺部。

一九九六年希頓從伯明罕大學（University of Birmingham）的羅伊·哈里森（Roy Harrison）那裡收到一些新測量數據。這些數字顯示現代城市空氣中的微粒數量可能高達每立方公分十萬個微粒。我們吸進去的微粒數量真是驚人。站在城市公園的中間，每次呼吸你都會吸入大約兩百萬個微粒；如果是大馬路旁或站在機場圍牆附近，則是兩千萬個微粒。

希頓提一個新主張：重要的不是顆粒質量而是數量。在這件事情上，大小至關重要。買一公斤的蘋果你會拿到大概十或十二顆，買一公斤的米你會拿到大概四萬到五萬粒。同樣地，一顆大花粉或灰塵的重量可能等於交通廢氣中幾萬顆微粒重量的總和。

希頓明白顆粒進入人體後的情況。大約有一半的微粒在吸入後又馬上被呼出，但剩下的則沉積在我們的肺部。數量在這裡很重要。回想一下剛才那一公斤的蘋果和白米。掉一袋蘋果在廚房地板上只會覆蓋一小塊面積，而且一下就能全部撿起來。不小心灑了一公斤米在地上的話會散得到處都是，清理也十分費力。同樣的道理，當我們吸入花粉或灰塵等大顆粒它們只會覆蓋一小塊肺部表面，人體的防禦系統會啟動並清除顆粒。但現代空氣中數百萬顆的微粒被吸入後會均勻覆蓋在肺部表面，以成年人來說相當於半個網球場的面積，這表示我們

---

* 這道謎題的解釋之一是健康工人效應（heathy worker syndrome）。勞動者本來就是社會中比較健康的人口。孩童、老人，還有病患不會在工廠做工卻會呼吸城市空氣。但，即使如此還是說不通。室外空氣汙染傷害每一個人，不只是最虛弱的族群。

† 物體質量的國際標準單位其實是莫耳（mole），但日常生活我們只是秤物體重量。

的身體必須啟動大規模清理行動。希頓認為這種清理行動引起的發炎反應會激發人體免疫系統，增加血液凝塊，因此提高了心臟病和中風的機會。

希頓發表他的理論後不久，主流媒體開始關注起呼吸極小顆粒的健康影響，卻是為了另一個原因：奈米技術的安全性辯論。今天我們對自動清潔窗戶、有效仿曬霜、更棒的油漆、藥品、高容量電池、越來越快的電腦處理器，還有手機螢幕都習以為常。但是在本世紀之初，設計和創造用在上述科技裡的極微小顆粒引起了廣泛爭議。萬一我們吸入了仿曬噴霧的顆粒，或者這些顆粒進了浴室排水管以後會怎樣？如今由於奈米技術的好處明顯，民眾對潛在風險的爭論也越來越少，而且相關產品我們也用得很順手。不過在二〇〇〇年代，科學進展引起人們的恐懼。首先是基因改造植物的出現，再來則是奈米技術的未知性。有個令人恐懼的想法是，奈米科技最後會出現能自我複製的極小奈米機器人，然後像病毒一樣不受控制的繁殖並且吞噬地球。就連威爾斯親王也參與了辯論。平心而論，查爾斯王子試圖將注意力放在風險上面而且呼籲理性對話。但情況完全不如預期，結果反而是一堆奈米科技汙染環境的新聞標題，像是聲名狼藉的《王子恐懼的灰色黏稠物噩夢（Prince fears grey goo nightmare）》，當中描述某些環保人士擔心著奈米技術不受控制的終點。王子否認曾經說過這句話*。英國皇家學會被要求調查所有新奈米微粒和奈米科技對環境及健康的風險。學會在二〇〇五年發表的詳細報告雖然著重在奈米顆粒的製造，但其中也呼籲應該對我們每天從交通廢氣和其他汙染源呼吸道的奈米微粒進行更深入的研究[4]。

雖然有了這些建議和科學家的關注，但針對呼吸微粒數量和健康狀況的研究相對稀少。由於希頓假說發源自英國再加上王子和皇家學會對辯論的關注，和世界其他地區相比，呼吸大量微粒的憂慮對英國的決策者有比較大的影響力。二〇〇〇年代早期英國開始針對都市空氣定期計算微粒數量，到了二〇〇五年已經有了足以和健康數據互相對照的資料量。我是倫敦團隊的一員，計畫主持人則是聖喬治醫學院（St George's Medical School）的理查・阿特金森（Richard Atkinson）。團隊的工作是收集首都每天的死亡和入院人數，然後對照空氣中的微粒數量[5]。死亡和入院人數還會受到很多因素左右，包括氣溫或者不同日子醫療便利程度也不同。移除這些變因之後，結果令我們吃驚。當空氣中微粒的質量增加，死於呼吸道疾

---

* 「灰色黏稠物」這個詞應該是誤植到查爾斯王子身上，請見他二〇〇四年的演講內文https://www.princeofwales.gov.uk/media/speeches/article-hrh-the-prince-ofwales-nanotechnology-the-independent-sunday，另見https://www.telegraph.co.uk/news/ uknews/1431995/Prince-asks-scientists-to-look-into-grey-goo.html。也可參考麥克・克萊頓（Michael Crichton）所寫的《奈米獵殺（Prey）》。

病或因此住院的人數也上升；當空氣中微粒的數量增加，則是心臟病的人數上升。我們能秤到重量的較大微粒可能會引發呼吸問題，但只能計算數量的奈米大小微粒則可能會引發心臟病。這個結論令人擔憂，因為空氣中顆粒的質量已經有明顯進步，但微粒的數量仍然和阿特肯一百年前用口袋霧室和顯微鏡看到的數量相同。

都市空氣汙染鮮少會有正面的新聞故事，但在二〇〇七年末，全英國的空氣微粒數量出現戲劇性轉折。在空氣汙染學界，有一句諺語是形容用模型預測空汙者和實際測量空汙者（例如我）的差別：除了寫模型的人，沒有人相信電腦模型預測的結果；除了操作儀器的人，每個人都相信儀器的測量結果。此話確實不假。當倫敦馬理波恩路旁的微粒數量在短短幾個月內[6]掉了幾乎六〇%時，我們以為儀器壞了。即使同時間我們也看到倫敦市中心一所學校和伯明罕的微粒數量下滑，大家還是以為這是所有設備都有的瑕疵。

結果不是。二〇〇七年底英國終於跨出引進超低硫柴油的最後一步。最大含硫量規定從〇·〇〇三%降至〇·〇〇一%。這小小的變化帶來了完全出乎意料的戲劇性結果。我想不到任何其他政策能夠這麼劇烈或者迅速改善空氣品質。不過，空氣品質改善並不是政府計劃的一部分，而是意外的結果。減少柴油中的硫是為了將新技術應用於柴油排放廢氣上。事實上，英國是歐洲較慢引進超低硫柴油的國家之一。當丹麥在二〇〇六年導入時，微粒數量也出現類似變化。即使如此，隨著更嚴格的新柴油車法規實施，英國境內的微粒數量也持續下降。

儘管阿特肯已經跨出了第一步，一直到現在我們才開始摸索都市空氣中這些細小微粒的來源。公家單位的測量項目著重於對人體有害的微粒，它們也在法規管理的範圍，但新的汙染物出現時通常陷入雞生蛋、蛋生雞的窘境中。如果沒有充分的測量數據科學家就無法研究汙染物對健康的影響，但是在汙染物被證明有健康疑慮之前，政府卻不願意進行測量。我們現在能確定柴油中的硫會引起問題，但其他高含硫量的燃料也是罪魁禍首。最明顯的，航空煤油。

抬頭看看歐洲或北美的天空你幾乎鐵定會看見飛機的凝結尾。它不是引擎的排煙。凝結尾通常在飛機後方像翅膀一樣展開，機上的乘客看不到。就像阿特肯的微粒計算器一樣，小結晶體也凝結在飛機引擎排放的微粒四周，因此我們看得見。一九四〇年代開始就有針對凝結尾的研究，但幾乎沒有針對飛機在地面時排放的微粒數量研究，而這是我們會呼吸到的部分。對飛機引擎來說機場是挑戰度最高的地方，必須在這裡啟動，以低推力滑行，緊接著起飛時全力衝刺。使用最多燃料的高空飛行部分則是引擎的最佳狀態。機場空氣中的微粒濃度極高。在距離外圍柵欄數百公尺遠的地方，微粒數量和倫敦大馬路旁、離車輛幾公尺不到的距離一樣。

洛杉磯是研究機場汙染如何穿越城市的理想地點。國際機場在岸邊，不斷向內陸吹拂著海風。二〇一三年南加大的科學家們在一台油電混合車上裝了設備然後沿著機場繞圈。迎風面的空氣很乾淨，但順風面的圍欄處則有數量龐大的顆粒。接著，他們從機場出發，沿著飛機飛行路線以鋸齒型在城市的網格狀街道行駛。即使在距離機場十八公里遠的地方，他們仍然發現了來自飛機的微粒，這些微粒使得都市空氣微粒的數量暴增了十倍以上[7]。

機場周圍有微粒問題的不僅是洛杉磯。二〇一二年，我在布魯塞爾的研討會上遇見曼諾・庫肯（Menno Keuken）。我們都對空氣汙染測量深感興趣，他請我幫忙看看一份他覺得不可思議的數據。庫肯在荷蘭鄉村的中部進行測量，靠近小鎮卡堡（Cabauw），大多是農地。大約有七百人住在這個小鎮，有些農地就在運河旁。這裏還有一個高達二一三公尺的塔樓，綽號「嗅鼻桿」*。這座塔就在荷蘭平原地的正上方，而且科學家可以在不同高度進行量測。這裏的空氣汙染來自兩個不同方向，一個是鹿特丹港口（Rotterdam），另一個是德國的魯爾工業區[8]。二〇一二年科學家開始計算微粒數量，發現了一種前所未見的汙染物來自西北方。於是他們沿線追蹤，沿途上幾乎沒什麼工廠，主要是農地。追了四十公里之後，歐洲第三大機場史基普（Schiphol）出現了。曼諾不敢相信他可以在這麼遠的距離之外發現到機場的蹤跡。他想再一次確定，所以在距離機場七公里外，阿姆斯特丹外圍公園地的亞當斯博斯（Adamse Bos）架了一個觀測站，這裡離機場航道很遠。據他所測，從阿姆斯特丹吹來的風裡每立方公分的空氣中有一萬四千個微粒，從機場方向吹來的風則有超過四萬兩千個。距離汙染地這麼遠微粒數量還如此之高實在令人吃驚。表示約有兩萬個荷蘭家庭暴露在這些機場微粒之中。

在人口密集的英格蘭西南部機場擴建始終是個備受爭議的題目。儘管有許多深度評估和政府調查，但呼吸來自機場大量微粒的可能影響卻不在討論範圍內。不過，其中一份報告提出了有趣的疑問。我們已經認識了安娜·漢索和她在倫敦帝國學院的團隊。漢索也對住在希斯羅機場周圍三百六十萬居民是否受到飛機噪音傷害有興趣[9]。她發現忍受高機場噪音的人心臟病和中風的比例也較高，但健康趨勢卻不太符合飛機的航線，反而比較符合機場所造成的空氣汙染濃度。這可能是微粒數量的影響？

＊關於卡堡觀測站和嗅鼻桿的歷史請見http://www.cesarobservatory.nl/cabauw40/index.php。

飛機為何製造出這麼多微粒？一九七〇年代民航機後頭一大串黑煙的情況已不復見。現在飛機引擎安靜許多，空氣汙染降低，而且耗油量也變少。但微粒數量的問題不是引擎，而是燃料。在美國和歐洲，汽車、巴士、貨車所添加的柴油和汽油都已經把硫剔除了，但航空煤油並沒有。航空燃料的硫含量最高可達車輛燃料的三百倍之多；當然不是每一種航空燃料都這麼糟，一般是六〇到七〇倍。排放廢氣中的硫會自動形成大量的極小微粒。

解決飛機微粒問題的答案似乎再明顯不過：像車輛燃料一樣移除航空煤油中的硫。然而，有幾個障礙有待克服。低硫航空燃料缺乏潤滑和防侵蝕的作用，而且最重要的是航空業燃料消耗量非常龐大，去硫得花錢。撇開微粒數量對健康的危害不談，光是移除掉巡航機燃油裡的硫估計每年就能減少九百到四千人提早死亡[10]。

大家可能不訝異大量的微粒是來自於飛機、交通工具，還有煉油廠之類的工廠，但是街頭調查發現了另一個微粒來源：速食餐廳。二〇一〇年溫哥華一群科學家想要繪製當地的空汙分佈圖[11]。整整三週他們每天都帶著手持儀器站在市內各處共八十個測量地點做量測。可想而知，他們偵測到交通空氣汙染，但有個新發現讓他們十分訝異。測量地點和速食餐廳的距離竟然也左右了偵測到的微粒數量。具體地說，距離一家速食餐廳兩百公尺之內，空氣中的微粒較多。

位於烏德勒支（Utrecht）的研究員接下了挑戰要調查這個現象[12]。在三週內，該市大學的克莉絲緹娜・維特（Cristina Vert）在每天午餐和晚餐時間沿著一條固定路線繞市中心一圈，每家餐廳外面停留個幾分鐘，然後在城市廣場晃一圈再穿過運河。在谷歌地圖上查詢烏德勒支你會看到很多酒吧、餐廳，和咖啡館等晚上消磨時光的去處。維特調查了其中十七處菜單以油炸或燒烤為主的場所。雖然路過的機車和室外蠟燭（讓人想起阿特肯在本森火焰旁的測量）也會帶來微粒，但餐廳本身是最主要來源。安東尼・希頓和同事早在十五年前就發現室內也有高度汙染和大量微粒，但發現烹飪竟然會影響室外空氣則出乎意料之外*。少了抽風設備的商用廚房顯然行不通，但維特的研究說明室內空氣汙染也會影響到室外。

很多城市都有典型汙染物的汙染分佈圖，例如二氧化氮、臭氧，或空氣中的顆粒質量，但微粒數量的模型還有一大段路要走。我們一定要從了解源頭開始，但空氣中的微粒行為增加了繪圖的難度。舉個例子，微粒可以黏在一起。黏合不會影響空氣中的顆粒質量，但會改變數量。另一個難題是，堪稱乾淨的空氣在晴朗的日子可能會自行合成顆粒。原因和過程仍然是個謎。這樣的情況過去很罕見；南歐陽光強烈時偶爾會發生，但在北歐前所未聞。可

---

* *來自烹飪的脂肪顆粒也出現在都市空氣中，包括倫敦市中心。

是，隨著都市空氣品質改善情況反而越來越頻繁。有時候只限於市中心，但有時汙染物氣體生成的大量微粒可以影響整片區域長達數小時之久[13]。在二〇一一年和二〇一二年倫敦空氣的微粒數量有十二%是來自於這些自發性事件[14]。相對乾淨的空氣會生成新微粒使得我們難以預測微粒數量，更別提控制。面對阿特肯一百年前就開始計算的微粒，我們還有很長的路要走。

第十章　福斯汽車和柴油的棘手難題

二〇一五年九月，空氣汙染以前所未見的規模佔據了全球新聞頭條；德國車商福斯（Volkswagen）承認在廢氣排放檢測中做假。

歐洲、美國，還有世界大部分地區的車輛在銷售以前都要先通過政府的空氣汙染測試。這和道路安全要求很像。在某些福斯汽車上找到了可以辨別汽車是否正在進行測試的軟體；如果是的話，車上電腦會調整引擎和廢氣排放來通過測試。福斯執行長辭職並面臨起訴，罰鍰的程序仍在進行當中。民眾對柴油車的信心開始慢慢喪失，到了二〇一七年，德國和英國新車銷售量中柴油車比例從以往的五〇%掉到了三五%。

揭發福斯醜聞的事國際乾淨運輸委員會（International Council on Clean Transport）是一個提供低汙染運輸相關技術和科學建議的非營利組織*。該委員會當時正在調查美國出售的柴油車廢氣排放成分，發現這些車輛實際排出的氮氧化物遠比測試中高。這些數據被呈報到美國監管機構，然後福斯汽車在二〇一五年九月收到違規通知。福斯很快地承認約五十萬台裝有非法調整排氣成分軟體的車輛在美國售出[1]。醜聞很快蔓延到歐洲售出的八百五十萬台，和全球售出的一千一百萬台。

儘管福斯的醜聞最早是在美國爆發，但美國的柴油車數量很少。柴油車少於五%，絕大多數是汽油引擎，使用柴油的主要是卡車和巴士。相反地，歐洲對柴油車接納度高，銷量高達幾百萬台。截至二〇一五年歐洲大概有一半的汽車是柴油引擎。以歐洲不算大的面積來看，竟然擁有全球七〇%的柴油車[2]。

福斯醜聞對投資人、車主、主管機關來說是顆震撼彈。對那些致力於研究歐洲空氣汙染的科學家們（像我本人）來說也很訝異。事實證明，福斯汽車只不過是冰山一角。二〇一六年歐盟對福斯醜聞調查後的結論是，許多其他汽車製造商的排放控制策略既「荒謬」又「不符合技術規定」，而且「有些車廠選擇使用保證能在實驗室測試中通過排放標準的技術，不是出於技術原因，而是經濟考量」[3]。

要釐清整件事情的脈絡我們得先了解為什麼柴油車在歐洲如此受歡迎，以及科學家是如何察覺問題遠遠超過部分福斯汽車引擎上的非法軟體。

在歐洲，柴油被視為一種低碳運輸方式，和汽油相比對氣候變遷較好。每個歐洲國家都以積極的柴油稅收減免來表達對這種觀念的認同。相較於政客們通常不願意為了改善空氣汙染而制定賦稅優惠，歐洲各國政府竟然紛紛毫不質疑地接受了柴油有低碳優勢這個說法。根據二〇一七年的稅率，柴油車主在車子壽終正寢之前平均獲得比汽油車主多兩千歐元的租稅減免補貼[4]†。歐盟國家內柴油稅最低的國家通常是境內有大型車廠，或者地理位置優越因此能夠銷售大量柴油（因此帶來大量稅收）給四面八方的各國運輸工具[5]。

一名政治經濟學家和一名環境化學博士聯手做研究是非常罕見的事，但正是這樣的組合才能揭發歐洲的柴油真相。柴油問題不僅僅是技術或工程問題，而是幾十年來的政治經濟決策所創造。二〇一三年，盧森堡大學（University of Luxembourg）的米歇爾・凱米斯

---

* 國際乾淨運輸委員會是成立於二〇〇一年的獨立組織，目的是向環境主管機關提供客觀的研究和技術科學分析。

† 這些顯著差異的一種可能解釋是各國政府想要盡可能課徵燃料稅卻又不想拉高運輸商品的成本。大部分陸路貨運和水運公司都是使用柴油，而私家車則是汽油為主，所以提高汽油稅率是經濟上比較簡單的作法。英國是歐洲的特例，兩種燃料的稅率都相同。

（Michel Cames）和德國特利爾應用科技大學（Trier University of Applied Sciences）的艾卡德・海爾默（Eckard Helmers）最早開始質疑「柴油對氣候變遷比汽油好」這個深植人心說法。兩人認為降低二氧化碳排放只不過是歐洲政府放的煙幕彈。推廣柴油背後真正的理由是經濟利益，不是為了環保。他們連串證據並不是發表在報紙或某個部落格上，而是需要經過同儕審查的科學期刊[6]。

問題始於一九六〇年代晚期，彼時歐洲的天然氣田開始首次投入生產。那個時候所有的學校、辦公室、工廠，還有部分住家需要大量的燃油來取暖。石油公司和政府都心知肚明天然氣會取代燃油，整個都會區的燃油市場幾乎消失。許多發電廠也一樣，原本使用燃油*但因為核電出現所以燃油漸漸沒有立足之地，尤其是法國。

從地底採集出的原油並非單一產品而是混合油體，需要透過煉油過程分解成不同用途的產品。輕質餾份會成為汽油，重質餾份則用於航運，但原本用於暖氣系統和發電廠的中質餾份將被天然氣所取代。

石油公司該拿這些多出來的油怎麼辦？根據凱米斯和海爾默，歐洲柴油車熱潮和眾所周知的減少氣候影響毫無關係。氣候變遷是在一九八〇年代晚期被承認，遠遠晚於前者。柴油車的推廣者分別是石油公司、政府，和汽車公司，三者聯手替中質餾份油品開發新市場。如果無法用於暖氣或發電廠，那麼進入道路燃料市場是唯一的答案。貨車和巴士原本就使用柴油，所以要增加需求就必須瞄準原來使用汽油的自用車和小貨車。這套策略在整個一九九〇年代推動的歐盟車用燃料計畫中終於被條文化。歐洲車商投資柴油引擎科技於是柴油車性能大幅提升，然後稅制鼓勵民眾購買。石油公司替中質餾份油開拓了一個長期市場，車商不但銷售柴油汽車，而且由於稅收減免馬達變得更便宜。歐洲車商同時也成為小型柴油引擎的全球領導者，手握一項出口全世界的技術。

情況看起來皆大歡喜。之後，隨著各行各業都必須制定減碳排放目標，歐洲車廠、政府政策、課稅制度都更強調柴油是低碳排放的燃料。那麼，效果如何？

售車中心牆上掛的一張張證書顯然證明了新柴油車輛的二氧化碳排放量較低。隨著柴油車銷量越來越高，整個策略顯然是成功的。柴油的每加侖英哩數（或者每公升公里數）較高又更加印證了柴油是低碳燃料的說法。但是這其實忽略了一個簡單的事實：柴油每公升含油的能量比汽油高，所以釋放的二氧化碳也比汽油多。如果稅制的徵收是根據燃料提供的能量

---

* 倫敦泰特現代美術款的前身，河岸區B發電廠就是燃油發電。你還可以走進被改成畫廊空間的舊時儲油槽中。

而不是容量，那麼柴油的稅金應該會高出汽油二〇%[7]*。然而，有些車主開始注意到車子的經濟效益並不符合在賣車中心被告知的數據。二〇〇〇年，柴油車主發現油耗比廣告數據低了八%，而到了二〇一三年差距已經拉大到三八%[†]。如果拿柴油車和汽油車相比，這個差距更大。也就是說，在日常生活中柴油車和汽油車的二氧化碳排放只相差了幾個百分比。

還有另一個副作用進一步瓦解了大家對柴油車對氣候有益的觀念。柴油車排放的氣體中含有黑碳顆粒，汽油引擎的排放則幾乎沒有。這種顆粒除了影響健康也會加速氣候變遷，因為它們能大量吸收陽光熱能。由於歐洲的地理位置和氣流主要從西南方而來，北極雪層上覆蓋的煤灰主要是來自歐洲的黑色二氧化碳，會產生溫室效應並造成冰雪融化。

即使對石油公司來說，計畫也可能成功過頭了。到了二〇〇〇年代晚期，柴油車的需求不斷飆升最後超過了歐洲煉油廠的生產量。合理的政策回應應該是提高柴油稅率，但那沒有發生。相反地，歐洲開始進口其他地方的柴油然後出口產量過剩的汽油。這些進口柴油從哪裡來？凱米斯和海爾默循著供應鏈追查，發現來自俄羅斯的煉油廠。這些老舊油廠效率很差，也就是說每公升柴油的製程都消耗很多能量而且排放很多二氧化碳，更進一步抵銷了氣候效益。總結來說，柴油引擎的實際效能，加上柴油的黑碳顆粒跟俄羅斯煉油廠的額外排放，歐洲柴油車熱潮截至福斯醜聞爆發之時對全球氣候變遷完全沒有幫助，和大家的認知恰恰相反。

天然氣問世而改變了油品市場的情況並沒有發生在美國、日本，和其他主要汽車市場。即使已經步入二十一世紀，許多紐約的摩天大樓仍然使用燃油暖氣系統，以油罐車運輸燃料。日本車商則選擇投資汽油引擎技術，從一九九〇年代起算的十五年內，日本車的二氧化碳排放越來越低，改善速度也比歐洲車快。到了二〇一〇年日本新車的平均二氧化碳排放量已經低於歐洲的新柴油車。歐洲選擇投資研發柴油引擎，一項其他地區不需要的技術。歐洲車廠為了打進美國市場，扭轉柴油是骯髒燃料觀念而無所不用其極，結果反而搭建了福斯汽車醜聞爆發的完美舞台。

---

* 歐盟委員會（EU Commission）曾提議以等量能量而不是以容量課稅，但各個會員國因為來自選民和車廠的壓力紛紛拒絕。

† 差距越來越大的原因目前仍不清楚，但有可能是因為車廠越來越懂得如何優化測試，包括移除兩側後照鏡、用膠帶貼住測試車的所有縫隙來減少阻力，還有使用完全平滑無胎紋的輪胎。詳見Kühlwein, J., The Impact of Official versus Real World Load Tests on CO2 Emissions and Fuel Consumption of European Passenger Cars. Berlin: ICCT, 2016.

為了確保嚴格的汙染標準不會扼殺柴油的流行，歐洲政府允許柴油車排放高於汽油車的顆粒汙染和氮氧化物。兩個標準的差距不小而且全然無視對人體健康的傷害。二〇〇〇年到二〇〇五年間汽油車適用的排放標準比柴油車嚴格三倍。在美國由於本地生產的柴油車極少，因此美國環保局（Environmental Protection Agency）不需要像歐洲一樣保護柴油，兩者的排放標準一樣。福斯醜聞之所以爆發就是因為國際乾淨運輸委員會試圖釐清，為什麼同一款車能夠同時符合美國和歐洲兩套完全不同的標準。福斯汽車想盡辦法回答這個問題，最後不得不承認他們加裝了能改變汽車測試表現的非法軟體。

福斯醜聞並非直接關係到氣候變遷或微粒汙染。問題出在氮氧化物*，這是包含了二氧化氮的氣體混合物。要了解整個問題我們先回到一九九九年，當時歐盟按照國際衛生組織建議制定了二氧化氮排放標準。這套標準預計於十一年後二〇一〇年達標，給各國充分的準備時間，至少大家都這麼以為。

一開始英國政府對歐盟二〇一〇年的標準並沒有逃避。相反地，英國自己設定了更激進的目標。一九九九年英國決定要提早五年，在二〇〇五年就達到歐盟的排放標準。但大家很快就發現達成目標比想像中困難許多。二〇〇一年時我在倫敦擔任空氣汙染科學家，當時的辦公室面向著國會大廈和西敏寺橋（Westminster Bridge），是觀察交通狀況的絕佳地點。我們位於倫敦國王學院（King's College）的團隊很快意識到，接下來短短幾年內全倫敦汽車排放裡的氮氧化物必須減少一半才行。更奇怪的是，那個時候我們在倫敦市中心測量到的二氧化氮就已經比預估值高出許多[8]。各種解釋紛紛出籠，比方說倫敦常見的黑色計程車和巴士的排放有特殊之處云云；但實情是，我們毫無頭緒。

不過，不管當時情況多糟我們都知道一切只會越來越好。新車輛必須符合有史以來最嚴格的排氣標準，這是第一次客貨車排放的氮氧化物受到法規控管[†]。自二〇〇五年起，所有新車銷售前都要通過實驗室測試。所以雖然倫敦來不及在二〇〇五年達成排放目標，我們相信嚴格的測試一定會降低街道上的空氣汙染。我們毫不懷疑倫敦將在二〇一〇年解決二氧化

* 氮氧化物生成於熱燃燒過程。它們基本上不是來自燃料本身而是熱燃燒的條件使得空氣中的氧氣和氮氣結合。氮氧化物裡佔多數的是一氧化氮氣體，一個氮原子加一個氧原子的分子。大部分燃燒過程都會產生一氧化氮，像是車輛、天然氣供暖、發電廠。燃燒過程也會生成極少量的二氧化氮（一個氮原子加兩個氧原子），這才是影響健康的汙染物。而且當排放氣體接觸到新鮮空氣後，一氧化氮也會逐漸和空氣中的氧分子結合而轉變成二氧化氮。因此控制二氧化氮需要同時控制一氧化氮和二氧化氮的排放。

† 關於排放標準和測試規格的資訊，請見：https://dieselnet.com/

氮問題*。

人算不如天算，空氣汙染不僅沒有改善，反而每下愈況。倫敦杜莎夫人蠟像館（Madame Tussaud's）的正對面就是歐洲最先進的空汙實驗室。實驗室面積大概有兩個海運貨櫃大，裡面架了很多試管和管線用來採集馬理波恩路上的空氣樣本。不鏽鋼門的後面，在無窗的實驗室裡幫浦運作聲、氣閥震動聲，還有空氣流過管線測量雜質的嘶嘶聲蓋過了嘈雜的交通噪音。有時候當實驗室裡沒有其他人，我會關掉所有燈光，站在主分析區，讚嘆地看著在發光儀表板上流動的數字照亮整個實驗室。每天有超過八萬台車輛從實驗室旁邊開過。負責設置和管理實驗室的是我的同事兼朋友大衛．格林（David Green），而世界各地的科學家都使用這裡的數據。自一九九七年成立以來，這裡一直是許多空氣汙染新發現的源頭。

其中一個發現是本章柴油故事的一環。二〇〇三年，短短十五個月內倫敦馬理波恩路旁空氣的二氧化氮值不僅沒下降，反而上升了超過二五%。起初我們不以為意。身為盡責的測量科學家格林和我仍然進一步檢查數據，同時加裝其他設備來檢測二氧化氮，但兩台儀器顯示的結果相同。我們希望這只是倫敦的問題，但希望很快破滅了。倫敦週遭乃至整個英國都能清楚看出二氧化氮的濃度節節升高。一場國際空氣汙染浩劫正慢慢浮現。最合理的推測是柴油引擎內清理其他汙染物的技術造成二氧化氮的排放惡化。我們清楚地意識到歐洲的排放標準漏了一件事；控制整體氮氧化物的排放（歐洲做法）並不是控制二氧化氮的最佳辦法。我們必須針對二氧化氮做控制，卻少了這部份[9]。

接下來的發展成為不斷上演的情節，政府對二〇〇五年的新排放標準寄予厚望，更重要的是，政府相信車商的保證。不需要改變政策或深入檢查車輛排放，我們只需要耐心等待。就像路易斯．卡羅（Lewis Carroll）《愛麗絲鏡中奇遇（Through the Looking Glass）》中承諾的明日果醬一樣。當新車上路後，二氧化氮還有整體氮氧化物的汙染沒有好轉，反而越來越糟。從二〇〇五年到二〇一〇年，倫敦和巴黎交通所排放出的二氧化氮平均每年增加五％[10]†。

截至二〇一五年福斯醜聞爆發之時，歐洲城市甚至還離法規標準十萬八千里遠。在某些倫敦街道旁，二氧化氮的濃度是法律允許值的三倍。這是空氣汙染防治政策以及預防早期死亡政策的可恥失敗。據估計，每年光是英國就有二萬三千五百人因為吸入的二氧化氮而提早

---

* 二〇〇一年我們的團隊召開了一連串會議，討論再過幾年空氣汙染解決之後我們要做甚麼。擔心工作不保，我們甚至聘請了一位噪音專家來擴充工作範圍。當時實在不用擔心

† 希臘是歐洲值得注意的例外。由於限制銷售和使用，柴油車在希臘很罕見，絕大部分車輛都是汽油引擎。自一九九〇年代中期一直到二〇〇〇年代初期，希臘的二氧化氮呈現明顯下降趨勢。

死亡[11]*。雖然空汙科學家對於一家車廠作弊感到驚訝，但是醜聞爆發後大家都明白柴油汽車製造氮氧化物的問題根源遠遠大於單間車廠的作為。光靠福斯不可能引發政策大規模的失敗。不管是甚麼原因，都是車輛的普遍問題。所以，到底哪裡出了差錯？

第一個可能原因是，隨著二〇一〇年越來越靠近，路上的柴油車越來越多，它們的排放限制也比汽油車寬鬆。但是，柴油車的成長應該不至於會完全抵消提高排放限制的效果。

到底車輛在路上排放出的廢氣裡有什麼？由大衛・卡斯洛（David Carslaw）領導的團隊決定一探究竟[12]。他們不打算一台一台測試，而是一次測量幾萬台。特殊設備從美國丹佛大學（University of Denver）運了過來，停在倫敦的路邊，光束照進每台路過車輛的排氣裡。這套設備由唐・斯泰德曼（Don Stedman）發明，無論儀器去到哪兒斯泰德曼也跟著去†。通常唐的太太也一起出現。我曾和卡斯洛、斯泰德曼，還有斯泰德曼的妻子共度了一個夏日午後，測量著倫敦維多利亞女王街（Queen Victoria Street）的交通排放。我從國王學院騎腳踏車過去，到了以後把車子摺疊起來然後擺在白色小貨車後頭懸掛的一堆管線和設備當中。斯泰德曼和妻子早已經替漫長的實地探測日做好準備，舒服地坐在躺椅上。我從附近的咖啡店買了茶來，而且有幸獲邀一起坐在貨車裡。每輛車經過光束約十秒之後，面前有些老舊的電腦上會短暫地出現測量數據然後由我報出結果。過了一會兒，我已經能夠先觀察車子的品牌和型號然後搶在數字出現前猜測結果。但斯泰德曼很厲害，能夠從遠處看出哪些是汙染最嚴重的車輛；他從沒猜錯。

斯泰德曼主要在美國工作，那裡幾乎所有車輛都是汽油車。整個下午，他對柴油車排放廢氣的興奮和驚奇絲毫不減。到了快下班的時間，路上交通給了我們一份大禮，一群花旗銀行的高薪主管開著出廠才幾週的新車離開辦公室，這些車才剛剛通過歐洲有史以來最嚴格的測試標準。每台新車的數據都讓斯泰德曼驚呼出聲，這些最新的柴油客車和貨車原來製造了最多的二氧化氮。汽油車上的三向觸媒轉化器則運作良好，甚至好過預期。有時候新的汽油車駛過光束卻偵測不到任何東西。新汽油車所排放的氮氧化物和十年前的舊車相比簡直不成比例，但柴油車卻是完全不同的故事。雖然制定了有史以來最嚴格的測試標準，新車排放並沒有比舊車好，甚至更糟。到底為什麼新車可以在實驗室通過測試，但真正上路時地污然並

* 這個估計值偏高。由於健康研究中二氧化氮和微粒的暴露有部分重疊，單單二氧化氮的影響可能會小於此。皇家內科醫學院認為人數應該要減少二五%。請見皇家內科醫學院和皇家小兒科醫學院所發表的《Every Breath We Take》。

† 我們將永遠懷念他。https://magazine.du.edu/campus-community/chemistry-professor- donald-stedman-dies-lung-cancer/

沒有減量？更重要的是，這怎麼發生？

正式測試時，製造商會把每一種新車和廂型車放在實驗室的滾筒上，按照設定好的模式來行駛。車輛會緩慢加速至市區的行駛速度然後減速，接著模擬在兩個城市間行駛六分鐘。這完全不是你我在日常生活中會有的駕駛情況。

我很少遇到汽車工程師。為環保科學家舉辦的研討會和科學會議似乎不怎麼吸引汽車工程師，而我認為這是柴油排放醜聞的部分原因。和斯泰德曼相遇不久之後，我接到任職法國環境部的里諾．莫朗（Lionel Moulin）來電。他的巴黎辦公室旁邊即將舉行一次大型運輸技術會議。他認為需要有人談談空氣汙染問題，於是向大會提議安排一場關於車輛空氣汙染的座談，但他需要有人協助。

我們提議了兩次，最後主辦單位同意納入一場空氣汙染座談會，不過他們安排在最後場次，下午五點。我搭乘歐洲之星列車早早抵達巴黎，決心要吸收一些科學新知並且逛逛展覽會場。這和空氣汙染科學活動完全不一樣。這裡充滿了商機，而且到處都是。會場擠滿了幾千個人，廠商要賣產品給其他的廠商，而且甚至有最新的概念車，旁邊詭異地站著服飾前衛的模特兒散發傳單。

所有的講者都先在化妝間集合。我們在此規畫自己的場次，時間一到就走上舞台。座談會辦在一個能容納五、六百人的大房間。這是我第一場台上與談者比台下聽眾多的演講。沒有人想聽到空氣汙染的麻煩事。因為如此，整場座談會不得不提早結束。我利用多出來的時間和一名法國汽車工程師聊天，問他關於汽車排放的測試還有為什麼和道路實測結果天壤之別。他咧嘴笑著，聳聳肩地解釋這是因為測試太過老舊。測試大約從一九九〇年開始，是根據當時銷售的車輛所設計。其中包括首次生產於一九三〇年代的雪鐵龍２ＣＶ，這台車的銷售定位是提供許多仍在使用馬拉板車的法國農民新的移動工具[13]。設計要求則是能夠以每小時六十公里（約每小時四十英哩）的最高速度載送四名農夫和五十公斤馬鈴薯上市場，還要能載滿滿一籃雞蛋穿過田地。２ＣＶ成為一九七〇年代的流行典範，深受嬉皮和生態學家喜愛。但它並不是一台以性能取勝的車。一九九〇年代末期生產的最快車輛理論上可以加速到每小時一五五公里（約每小時七〇英哩）。因此，每當一台車行駛速度超過２ＣＶ的性能範圍（這非常容易！），就會超出測試標準。

二十一世紀初，柴油汽車配備了越來越強大的引擎以追趕上汽油車的性能表現。這些車和２ＣＶ毫無相似之處。所以空氣汙染問題看起來和車子本身無關，而是因為老舊過時的測試。這是政府的錯，或至少這是我們被說服的說法。接著，福斯醜聞爆發了。

各國政府面臨莫大的壓力要釐清是否還有其他車廠做假。英國政府的第一反應是寫信給車廠詢問。為了回應眾怒，許多歐洲政府開始自行測試柴油車，不再依賴車商的測試。在這些測試過程中，一個機緣巧合終於揭露了城市空氣和政策預期之間的落差是怎麼一回事。

英國的測試是最明顯的[14]。首先，汽車先在實驗室進行官方測試，也都如預期般地通過。接著分析師稍微調動測試，瞞過識別軟體。測試先從快速駕駛開始，而不是較慢的城市模擬。一台福斯集團生產的車輛（其實是一台斯柯達歐雅）沒有發現這是測試因此排放了大量氮氧化物，沒有通過。其他牌子還有福斯新款的汽車都通過了變更後的測試，看起來問題只出在舊款的福斯車上。接下來，測試又回到正常模式，只不過這次是使用熱引擎而非冷引擎。奇怪的是冷引擎的平均排放量更高，有些車子的排放量是熱引擎時的二・四倍。最後，車子被移到室外然後照著實驗室的測試條件駕駛。室外的排放平均比室內官方測試結果高出四到五倍。這徹底瓦解了數據差異是因為測試條件對現代車太過溫和的說法。一定還有其他原因造成車輛在戶外駕駛時排放值驟變。畢竟，車子本來是用來在外面跑，而不是在實驗室的滾輪上。

英國的測試剛好在冬天進行。如果福斯醜聞早幾個月爆發，測試提早在夏天進行的話，我們可能不會發現大多數柴油車在冷天裡排放出更多的氮氧化物[15]。在福斯醜聞的幾個月前挪威在北歐的寒冬條件下進行測試，發現汽車排放中的氮氧化物含量不可思議地高[16]。這其實是一個警訊，當時卻因為極端的測試條件而被忽視。福斯醜聞發生近兩年後，在瑞典測量九千台車的結果顯示普通瑞典柴油車在攝氏十度時排放的氮氧化物是在二十五度時的兩倍[17]。這個落差被稱為「溫度窗口」。

被問到戶外駕駛測試結果時，車廠宣稱，在低溫時啟動清理排放的技術可能會損害引擎，導致排放清理器無法持續使用到最後。這真是令人費解，車子裝置了排放清理裝置，裝置卻幾乎不能使用因為這樣才能保證該裝置不會在汽車的使用壽命內提早壞掉。保護引擎是法規允許的，所以這種安排並不違法，和福斯裝設測試做假軟體不一樣[18]。國際乾淨運輸委員會駁回了車商的說法[19]。

安全始終是汽車產業的最高原則，那麼為何不能延伸到呼吸汽車排放者的安全呢？為什麼車廠不能像比賽防撞技術和油耗效益一樣，看看誰能做出汙染最少的車呢？在銷售地點公布實地排放數據能夠讓汙染成為消費者的購買因素之一。，但前提是實地排放必須符合測試時的排放*。二〇一一年我參加了英國環境保護組織的一項工作計畫，負責研擬新車銷售的標籤架構，包括排放內容。由於車廠面對我們的提問時提出很多技術性困難，計畫最後不了

* 英國公司排放解析（Emissions Analytics）自二〇一七年開始在線上公布這些資料。請見www.emissionsanalytics.com

了之。當時我對這種拒絕不以為意。福斯醜聞爆發後我忍不住回想起這個胎死腹中的計畫，當時堅持下去的話我們會發現什麼。

緊接在福斯醜聞之後進行的柴油車測試的確揭露了一些徵兆，顯示未來可能會更好。儘管提早設下嚴格測試標準對實際駕駛時的排放幾乎毫無幫助，但符合二〇一五年新標準（俗稱歐盟六期）的最新車款，氮氧化物的平均排放量是前一代車款的一半。雖然，這仍然是實驗室測試排放的七倍。

福斯醜聞造成的影響之一是新車款批准銷售前一定要進行新的道路實際測量，預計自二〇二〇起逐步實施。這應該能抓出汙染最嚴重的車型，但仍不代表新車在道路上的排放會和實驗室的排放一樣。二〇一七年出廠的新車排放還是可能超過實驗室測試標準的兩倍。二〇一五年時表現最好的車輛已經可以在實駕時符合測試標準。當時的技術已經沒有問題。如果主管機關夠有魄力地規定所有二〇一七年新車都必須達到二〇一五年最佳車款的表現，那麼非法空氣汙染將更快補救回來。否則照著目前二〇一〇年到二〇一六年的改善速度，巴黎市民要等到二〇三五年才能呼吸到符合二〇一〇年標準的空氣，倫敦人則必須等到二一〇〇年[20]，整整遲了九十年。

符合歐盟六期排放標準的貨車和巴士也是更快改善二氧化氮汙染的希望。這兩種車輛的標準和小客車不同。道路測試的結果顯示，一台滿載的卡車所排放的氮氧化物其實比符合歐盟六期的客車少*。這完全顛覆了我們的認知。聽起來很不可思議，裝著大型引擎的貨車和巴士排放的汙染物可能少於小汽車，至少就氮氧化物來說確實如此。隨著新型車輛上路，二○一○年到二○一六年間二氧化氮的水平的確開始下降，但政策無法有效地在各地帶來改善。我們不能光靠車輛的自然汰換，還需要新政策[21]。

雖然整個氮氧化物家族的排放受到控制，卻沒有控制到二氧化氮。從一九九○年代後期一直到二十一世紀的前十年，從排氣管裡噴出的一級二氧化氮沒有下降，反而呈上升趨勢[22]。這個現象也部分解釋了我們二○○三年在馬里波恩街樣本裡發現的詭異數據[23]。一級二氧化氮增加的原因是柴油氧化觸媒，後者的作用是控制排放裡的一氧化氮和碳氫化合物，避免顆粒濾器阻塞。所以控制二氧化氮的最佳政策應該也要監控排氣管出來的二氧化氮，而不是只看整體氮氧化物。

* 條件是貨車的排放控制裝置有正常運作。令人擔心的是，二○一七年底英國交通部稽查員發現每十三台卡車中就有一台的排放設備裝有作弊軟體。詳見 https://www.gov.uk/government/news/ more-than-100-lorry-operators-caught-deliberately-damaging-air-quality

在人們發現二氧化氮是個問題之前，我們對柴油排放的主要顧慮是微粒。當時的清潔技術首選是柴油微粒濾器，據說極度有效。很顯然二〇一〇年到二〇一四年間倫敦渡路的黑碳和灰塵顆粒減少了[24]。但是和二氧化氮相反，並沒有很多證據顯示這些微粒濾器做了該做的工作[25]。從歐文斯早期的工作還有七〇和八〇年代的酸雨問題我們可以得知大部分呼吸到的微粒都是空氣中汙染物之間的化學反應所產生。歐洲柴油車排出來的氮氧化物會繼續生成微粒問題裡的主成分，表示這終究還是一個微粒問題[26]。

關於柴油排放的氣體汙染物所形成的顆粒，仍然有很多未解的問題。根據後來的證據，在倫敦進行的一連串實驗顯示目前柴油排放中未受管制的碳氫化合物可能是歐洲空氣中微粒形成的重要原料[27]。

那麼，柴油車的下一步是什麼？民眾因為醜聞對柴油車喪失信心、排放管制困難重重，再加上越來越嚴格的標準，這或許會帶來更乾淨的柴油。減排技術所需要的額外成本和空間可能會讓柴油車回到從前的大車身，而小客車則像日本一樣採用較乾淨的油電混合引擎。二〇一八年時市場已經有跡象顯示新車購買者對柴油車興趣不再，但只要政府不取消補助，歐洲不太可能淘汰柴油車。受到福斯醜聞的教訓，巴黎和另外幾座城市承諾要在二〇三〇年全面杜絕柴油車。目前看來似乎困難重重，畢竟依賴柴油的巴士、貨車、工程車等還沒有其他能源替代方案，但希望這份城市願景能激發新創技術問世。英國政府也在二〇一七年時承諾會在二〇四〇年終結新汽油和柴油車，有趣的是這個承諾並不包括重型車輛。

柴油車的問題在歐洲特別嚴重。二〇〇四年時，《六座城市研究》的作者之一就曾在倫敦演講時預測有一天歐洲將為柴油車的試驗感到後悔。柴油沒有帶來承諾的氣候效益，而且它的空氣汙染自一九九〇年代以來已經造成成千上萬人提早死亡。即使從經濟發展的角度來看，柴油車的成功也令人質疑。雖然柴油車因為租稅優惠而在歐洲銷售長紅，但歐洲車廠柴油車始終很難成功打進美國和日本市場。回到柴油故事的開頭，也許的確有件事算是好結果。歐洲汽車之所有柴油化是因為天然氣在暖氣和發電系統中取代了石油。和燃油相比，天然氣的確減少了很多氣候變遷影響和空氣汙染排放。但是，這份好處是否抵得過將燃油轉化成車用柴油後對我們健康和氣候造成的傷害呢？

有許多問題也需要決策者回答。為什麼發現了交通汙染防治政策沒有效果的證據，卻沒有更早採取行動？反而繼續相信車廠，而且一次又一次，即使上一輪已經宣告失敗還是只等著下一輪更嚴格的歐盟標準能拯救世界。當所有證據都指向另一個方向，政府還是相信車廠的保證著實令人震驚。又一次，汙染者的聲音蓋過了環境和健康科學家的聲音。車廠辯解說他們需要長期計畫才能研發新科技和導入新車款，但同樣地，他們也應該負起責任確保產品對健康的危害已經降到最小。既然柴油享有各種稅率優惠，汽車製造商有義務向所有民眾解釋為什麼它們符合法定測試標準的產品在行駛過我們的住家和學校時仍然排放著難以容忍的汙染物。

第十一章　燒柴是最天然的取暖方式嗎？

在二十一世紀中，歐洲還有個大家沒注意到的老問題。現在家中已經看不到家中壁爐滿是煤炭的情景了。不過你到書報攤翻閱居家生活雜誌，或是室內設計雜誌，觀賞電視節目，都會看到美輪美奐的客廳裡，少不了熊熊燃燒的柴火。這種居家必備的設計，會讓環境付出慘痛的代價。

西北歐城市再度出現重新使用柴火的情形，最早於巴黎現蹤。二〇〇五年時，有位年輕的學生奧利維耶．法維（Olivier Favez）在攻讀博士進行研究時，發現了一件很不尋常且令人憂心忡忡的事[1]。當時他在巴黎的舒瓦西公園（Parc de Choisy）*周圍測量空氣汙染的問

* 這個地點距離巴黎天文台約三公里遠，是世界上最早長期監測臭氧的地點，始於十九世紀晚期。請見第五章。

題。舒瓦西公園是巴黎典型的小公園與綠色空間，替城市增添了不同的風貌，公園裡有著井然有序的小徑，成排的綠樹，噴泉以及兒童遊戲場。其中一側有幢大型的磚造建築物，巴黎的公共衛生實驗室即設立在此，法維也就是在這棟建築物的屋頂進行測量。不意外地，他的測量儀器告訴他空氣當中含有大量柴油交通工具的煤灰。但法維注意到了另外一個圖形，那是他曾經看過的，卻想不到會在法國的首都出現。這個儀器之前曾用來測量阿爾卑斯山谷地的空氣，當地因為燃燒木柴的緣故，對空氣汙染造成了嚴重的衝擊，所以法維立刻就認出了那個訊號。但如果測量結果無誤，那麼燃燒木柴在巴黎也造成了嚴重的問題。法耶持續進行測量五週，在每天的晚上，尤其是週末的時候，都會看到燃燒木柴造成的空氣汙染。似乎木柴造成的煙霧會讓城市當中的顆粒物增加百分之十至二十。不僅如此，燃燒木柴造成的汙染是來自城市當中，而不是鄉村地區飄過來的。

其他西歐的主要大城市當中，也逐漸發現了燒柴的跡象，這些往往都是科學家在研究其他問題時發現的。在二〇一〇年左右，我在巴黎工作，擔任城市空汙的國際顧問團成員。顧問團團長為馬丁．魯茲（Martin Lutz），他之前曾任職於歐盟執行委員會，現任柏林市政府空汙部門的負責人。我們仔細檢視法維的資料，新的測量數據也顯示燒柴的問題相當普遍。我們都開始思考自己家鄉所在的城市，以及這個問題的普遍程度。在一次重要的會議當中，魯茲相當有自信地宣稱燒柴在他家鄉所在的城市不成問題。他當時低估了居家火爐這種新寵受歡迎的程度。

我們所有人都不知道當時在柏林，有位博士研究生珊卓拉·華格納（Sandra Wagner）正在研究城市當中的樹木與植物對空氣汙染造成的影響[2]。她在城市中三個不同地點收集了空氣的樣本，接著帶回實驗室進行分析。她尋找的其中一種醣類叫做左旋葡萄糖。就像焦糖化的洋蔥會讓洋蔥嚐起來有甜味一樣，在木柴燃燒的時候，也會釋出左旋葡萄糖。華格納發現了許多這種成分，地點不是僅限於充滿綠蔭的市郊而已。整個城市都遍佈了燃燒木柴的情形。

漸漸地，在整個德國、法國、比利時，同樣的故事也不斷重演。市政府認為燃燒木柴是過去才有的事，但科學家測量民眾呼吸的空氣時，卻證明他們是錯的。

倫敦的故事則有些不同。二〇〇八年時，由於氣候變遷的問題日益嚴重，英國政府擬定了碳排放量的法定標準。但很快大家就發現如果沒有改變家庭、學校、辦公室的暖氣系統，那麼就不可能達到在二〇五〇年前減少百分之八八十溫室氣體排放的目標。使用可再生電力系統供應暖氣是解決方式之一，但這種方式就會需要大量的可再生能源。另一種解決方式，則是使用太陽能板、熱幫浦、燒柴的可再生能源暖氣系統*，並且由政府提供補助。最理想的方式，是用具有空氣淨化系統的高效能現代鍋爐來燃燒木柴，而非在家用爐火燒柴[3]，但無論採取何種方式，我相信倫敦的空氣在未來十年當中會再度有所改變。我想最好的辦法是收集一些基準資料，未來就能夠藉此判斷出現了哪些改變。

二〇一〇年冬季時，我在倫敦國王大學的團隊在倫敦直徑三十五公里線的各處放置了取樣器，包含西邊的伊靈區到東邊的貝克斯利區。由提摩太・貝克（Timothy Baker）負責安裝取樣器，安佳・川普爾（Anja Tremper）負責準備濾網。有幾天氣溫非常低，因此我們輪流出外去收集濾網，站在梯子的頂端，看著雙手漸漸失溫。我們把每一片濾網帶回實驗室，小心地用鋁箔包裹起來冷凍保存。在實驗結束之後，我們仔細地將這些樣本裝在巨大的保冷箱裡，運回挪威進行分析。

我們必須等待兩個月讓挪威的實驗室進行分析。有許多個夜晚，我都失眠著擔心實驗是否會成功。實驗耗費了許多金錢，但燃燒木柴的數量多到我們能夠察覺嗎？我可以想像自己站在贊助者面前，紅著臉聳聳肩宣布說倫敦的空氣當中有一些燒柴造成的汙染，但卻說不出來有多少。

最後接到電子郵件時，讓我大吃了一驚。空氣汙染以我們目前已熟知的形式出現，顯然燒柴的情形在倫敦已經相當普遍了。我開始進行計算工作。結果發現燒柴這種官方並不承認的空汙來源，在倫敦人冬天呼吸的空氣當中佔了顆粒物汙染的百分之十[4]。結果也揭露了其他資訊。燃燒木柴的情形在週末時大量出現，多半用木柴作為裝飾或是額外的暖氣供應來源。

倫敦的低排放區在兩年前業已生效。那是改善城市空氣的一大步，那麼燒柴呢？於是我再進行進一步的計算，結果發現燒柴造成的額外顆粒物汙染不僅逆轉了倫敦低排放區前兩階段獲得的成果，並且是我們減少的顆粒物汙染的六倍。

燃燒木柴是個重要問題，我們也必須採取有關的因應措施，否則投入於淨化交通工具與工業汙染的成果，就會被那些在家裡燒柴的人抵銷。隨著政府燒柴的新誘因增加，狀況只會每況愈下而已。因此我開始要告訴大家這件事。我在英國與歐洲各參與會議及研討會時，把資料報告呈給環境部。我和柏林與巴黎的科學家組成團隊，發表了一篇示警的文章，名為

---

* 因此出現了所謂的墨頓法（Merton Rule）與可再生熱能獎勵辦法（Renewable Heat Incentive）。

〈該是處理都市燃柴問題的時候〉[5]，但地方、城市、中央政府都把重心放在交通汙染上，沒有人想要聽到他們還有其他新問題。

接著，在二〇一五年時，有份英國政府的調查報告顯示英國每十二戶當中，就有一戶燒柴。突然之間，英國官方的汙染源就獲得修正，顯示燃燒木柴產生的顆粒物是交通廢氣的二・六倍，終於承認燃燒木柴會造成問題。

英國倫敦國王學院擁有相當龐大的英國空氣汙染測量資料庫，其中有些（約五千兩百萬筆）測量時使用的儀器，和法維在二〇〇五年在巴黎所使用的相同。然而，我們主要都使用測量的結果來檢視柴油車輛造成的黑炭物質。因此我突然想到可以和法維做一樣的事，來找出英國各地燒柴造成的汙染有多少，這樣就能夠回溯到將近八年前，也就是開始進行測量的時候。我們很快就能夠獲得結果，不需要冒險在大冷天裡爬梯子取得樣本。

我和同事安娜・豐特（Anna Font）於是立刻著手進行這件事[7]。我們的資料中心具有一些強大的電腦，在進行了幾百萬比計算之後，就得到了我們需要的結果。在英國本土各地，冬季時燒柴會增加百分之三到十七的顆粒物汙染。說來奇怪，儘管英國各地售出的燒柴火爐將近一百五十萬個，但因為燒柴造成的顆粒物汙染並沒有增加，而是呈現穩定甚至稍微減少的情形。為何會出現這種狀況呢？其中一種可能的解釋，是開始燒柴的時間比我們認為的還早，那些人用的是大部分住宅當中仍有且堪用的火爐。到了我們開始進行測量的二〇〇九年時，才漸漸地使用新的燒柴火爐取代開放式的火爐。相較於開放式的火爐，現代火爐造成的汙染不到四分之一。

導致這種日趨平緩的原因，可能是下列兩種因素共同造成的結果。原本用明火燒柴的人，很可能改善設備，改用火爐，減少了木柴造成的問題；但是這樣的效果很可能因為越來越多人在家裡燒柴而抵銷。顯然大家的習慣也有所改變。在二〇〇九年與二〇一〇年時，燒柴的情形主要在週末出現。到了二〇一六年時，則變成每晚都會出現。這點說明許多家庭會在週末時使用傳統的火爐，但一百五十萬戶安裝新型燒柴壁爐的家庭，很可能為了讓自己的投資不會浪費，因此每天晚上都會使用。

另一個燃燒木柴的問題，是在何時與何地燃燒木柴。大家偶爾會在所有人都在家時，在自己居住的地方燒柴。木柴造成的煙會在一個地區不斷累積，並且飄到所有人的家中，讓所有人都會接觸得到。溫哥華的一份研究報告顯示，即使在住宅區只有微量燃燒木柴的情形，所造成的空氣汙染都比繁忙的道路所造成的汙染還嚴重，而大部分的人只會短暫停留在繁忙的道路上而已[8]。

身為空氣汙染研究者，我發現收到大家寄來的信件內容也有所改變。這些信件過去多半注重在車輛的汙染上，但現在主要都是燒柴的問題。這些信件多半來自照護者，例如在家照顧年長親戚或父母的人。也有人發現孩子床上充滿了來自鄰居煙囪的柴灰。我很肯定這些只是冰山一角而已。

英國的大城市，至今仍有英國一九五二年倫敦霧霾問題發生後訂立的煙霧管制法。這些法案也禁止了用明火燃燒木柴。大部分的倫敦地區都屬於煙霧管制區，但在二〇一五年時，倫敦燃燒木柴的家庭中，有百分之六十八使用明火。顯然這條法律已經淪為虛文。就許多方面而言，管制燒柴應該比一九五〇與一九六〇年代管制燒煤容易得多。在當時，大家在家取暖時，除了燃燒固體燃料之外，所擁有的選擇並不多，但自一九七〇年代開始，英國的住家已經有瓦斯或電暖系統。大家已經沒必要在城市當中燒柴了。

法維在巴黎發現嚴重的燒柴問題十年之後，巴黎差點實施了禁用明火燒柴的法令。在二〇一五年禁令即將實施的前夕，法國生態及永續發展部長西格蓮·和雅爾（Ségolène Royal）用極為嚴肅的聲明譴責這道禁令，說這十分「荒謬」，但其實這個法案最初也是由她自己的部門提出的[9]。雖然燃燒木柴造成的顆粒物汙染超過車輛廢氣，但是立法禁止似乎有些過度反應。禁止大家在火爐前喝杯酒，度過浪漫的夜晚，似乎有悖法式生活的精神。於是我們再度落入了懷念家中火爐的情懷，以及剝奪大家坐擁爐火這塊大家在政治上不願觸碰的領域。這種一廂情願的論述，和造成一九五〇年代清除霧霾時間延遲的模式如出一轍。這種論述忽視了空氣是排放廢棄物的一種途徑，以及對鄰近地區造成的影響。顯然空氣污然的科學家仍必須繼續努力，才能夠讓足夠的政治人物與科學家相信家中燒柴造成的負面影響。

那麼為什麼大家要燃燒木柴？對那些曾經坐在有火焰的爐火前，臉頰與腳趾感受著暖意，同時觀賞著火焰舞動的人來說，這點再明顯不過了。這麼做令人感到十分放鬆與溫馨，還帶著些許的肯定和慰藉。丹麥人受訪時被問到為何要使用燒柴的爐火，他們列出的主因為慰藉、溫馨、放鬆[10]。使用中央暖氣系統或是瓦斯、電暖爐，只要打開開關或旋鈕就能立刻使用，但是燒柴卻讓我們與讓家裡變得舒適產生連結。劈柴削柴可說是家庭活動，丹麥人也喜歡自行讓自家變溫暖。這就像我們喜歡在家裡煮東西，而非去超市買現成的食物一樣，燒柴似乎是能夠讓我們生活得更好的工作。

媒體上大肆報導氣候變遷以及節約能源，因此木柴的碳中和也是第三個原因。大部分的丹麥人認為燃燒木柴的煙所造成的汙染比其他汙染低，並且與童年的快樂回憶有關。沒錯，丹麥人也注意到了燃燒木柴造成的難聞氣味，但那些都是鄰居家生火造成的，自家生的火則不會如此。南威爾斯的澳洲人也提出了同樣的理由，他們認為在家燒柴取暖的主要原因，是能夠帶來慰藉以及滿足。大家都注意到了燃燒木柴的難聞氣味，但同樣的，這些都是來自其他人的家裡以及戶外，那些剛到鎮裡來的人，或是賃屋而居的人。那些瀰漫在城市當中的汙染物，被認為是自然的霧氣，而非霧霾。

在澳洲還有另一個面向，就是樵夫販售木柴與往日鄉村情懷的連結。有份在以種植釀酒葡萄為主的獵人谷（Hunter Valley）所進行的調查，結果顯示他們相當清楚燒柴有害鄰居的健康，但燒柴的人當中，約只有百分之十八願意聽從建議，改變他們的行為，而且前提是改變不能過於麻煩[11]。儘管在新南威爾斯因為燒柴汙染導致的健康問題，每年支出的費用約高達八十億元，但來自政府與媒體的訊息卻讓大家感到相當困惑。一方面來說，他們接收到的訊息是燃燒木柴加熱具有碳中和的好處，但另一方面又接收到有害健康的警告。他們面臨了這樣矛盾的建議，因此選擇繼續做他們喜歡做的事，也就是燃燒木柴。

一提到紐西蘭，我們就認為那是綠意盎然，充滿山巒、河流、峽灣的原始之地，出產了好酒、高品質的食物，有機會去高空彈跳的地方，也是《魔戒》的拍攝地，以及知名橄欖球員的家鄉。但實際上卻與這些用來行銷的景象相去甚遠。這個國家正在與畜牧農耕對環境帶來的衝擊奮鬥，包含河川也受到影響[12]。

以全世界的標準來看，紐西蘭的空氣品質相當良好，這點主要獲益於該國遠離其他國家。紐西蘭和多數的亞洲、歐洲、北美洲地區的不同之處，在於不會有鄰國湧入的大量汙染物。紐西蘭的城市當中有大量的車輛，但卻不會充斥著許多歐洲城市淨化空氣時的大敵柴油車。由於天然氣供應受限，電力也相當昂貴，許多紐西蘭人，尤其是居住在在南島地區的人，都必須透過燒柴的方式來讓家裡升溫。二〇一三年的普查結果顯示，約有五十四萬六千戶（約百分之三十六）使用燃燒木柴的方式來讓室內升溫，比例與挪威及丹麥相近；在冬季的一天當中，這些火大概會燒掉一萬三千噸的木柴[13]。

二〇一六年冬季時，我很榮幸獲邀成為燃柴研究者的國際代表團員，能夠前往紐西蘭進行研究*。我們像地方劇團一樣，巡迴全國各地發表研究成果。我們與威靈頓的國家政府、坎特伯里的地方政府談話，甚至在南方多山的前知名淘金城箭鎮的市政府進行了午餐會議。能夠聽到各種不同的觀點，從不同的角度看待問題，真是非常棒的事。

---

* 非常感謝美國國家水和大氣研究所（NIWA），特別是蓋伊·柯爾森（Guy Coulson）與伊恩·龍利（Ian Longley）。

紐西蘭的顆粒物汙染標準只允許一年當中有一天出現汙染的情形，但在二〇一六年時，基督城測量到五天出現汙染的情形，而蒂瑪魯則是嚴重違規，共有二十七天出現汙染的情形。在某些地方，燃燒木柴取暖佔了冬季顆粒物汙染的百分之九十。取暖並非可有可無的事。許多紐西蘭人早上醒來時，在室內就能夠看到自己呼出白霧，該國的房屋隔熱功能不佳，並且缺乏燃料，導致冬季死亡率與青少年氣喘問題居高不下。這裡不像歐美國家，並沒有雙層玻璃窗戶以及中央暖氣系統的標準配備。許多人的家裡只會用燒木柴的暖爐或電暖器讓其中一個房間維持溫暖。這種影響的結果相當顯而易見。我們造訪了基督城的許多人家，訪談那些家裡每天晚上都充滿鄰居柴灰的人。有一次在訪談之後，我們路過一間當地的學校，看到學童在練習打籃網球的時候，有煙霧飄過操場，慢慢包圍了他們。

這個問題其實不乏相關研究。基督城幾十年來都不斷針對燒柴問題進行研究。新的火爐必須符合嚴格的排放標準，多年來燒柴的汙染也引發多方爭論，但仍然持續存在著。紐西蘭人燒柴的原因，和其他地方的人一樣，不乏能夠獲得慰藉與溫暖，但還有另外兩個原因。首先是具有彈性，尤其是在氣候惡劣或地震造成電力中斷時可以使用。第二點則在坎特伯里大學的茱莉．卡伯斯（Julie Cupples）與同事的論文「『穿上夾克，膽小鬼』：紐西蘭基督城的文化認同、家用暖氣、空氣汙染」（Put on a jacket, you wuss: cultural identities, home heating, and air pollution in Christchurch）中可見一斑。卡伯斯發現「紐西蘭漢子」的男子漢與冒險犯難精神，也就是冬天穿短褲，絕對不撐傘的態度，也影響了他們的家用暖氣系統，讓他們偏好自由使用木柴，而不喜歡使用昂貴的電暖器系統，或是認為投資隔熱設備是種不必要的奢侈。

就像巴黎禁止燒柴法案急轉彎一樣，這種狀況點出了有必要讓大眾了解燒柴造成的傷害。大家在了解問題之後，應該要採取理性的行動，並且放棄不良的方式。但我們知道這種狀況並沒有發生。儘管大家知道會對身體不好，但仍然會抽煙、開快車、吃含糖的食物。我們需要採取其他的方式。

支持「輕推理論」的人則持有不同的想法*。根據行為科學的概念，政治與經濟的「輕推」利用正增強的方式或是間接暗示的方式來造成改變，就和那些要販售香菸、跑車、含糖食物的人所使用的行銷手法如出一轍。你每次去超市買年奶或麵包的時候，就會被「輕推」一下，最後就會帶著甜點和巧克力回家。紐西蘭基督城區域的區域市政局已經開始「輕推」

*「輕推」概念的誕生，是源於自由主義者希望政府能夠盡量不干涉人民的生活，但父權主義觀點卻希望人民的行為能夠獲得引導以帶來更好的社會，兩者矛盾衝突下所產生的觀點。這個概念讓理查德・H・塞勒（Richard H. Thaler）贏得二〇一七年的諾貝爾獎。

這些概念來減少燃燒木柴造成的汙染，例如挑戰大家生火的方式，要他們證明自己擁有當地最進步的生火技術*。」他們提供影片與課程，鼓勵大家能夠嘗試新概念，例如從柴堆的頂端點火，並且使用大量的火種。火種的不足，是造成剛點燃柴火時出現大量冒煙情形的原因之一，我們在紐西蘭各地的小鎮都看到了這點。提供免費的火種是基督城嘗試的解決方式之一，但主要的問題在於劈柴做火種相當費時，而且很容易劈到手指。

火種的需求在二〇一一年時帶來了簡單的創新。紐西蘭人很會想辦法解決問題。十三歲的艾拉．赫金森（Ayla Hutchinson）在看到媽媽劈柴削到手指之後，就出現了很棒的想法。為了不讓手指冒著被斧頭劈到的風險，她讓兩者隔開來，並且把整個流程倒過來。赫金森把斧頭的頂端銲在底盤上，並且放在地上，也在周圍裝上了輔助框。木柴就用木槌敲到斧頭的刃上，就能夠把柴劈開。於是劈柴器就誕生了。在短短的五年之內，赫金森的劈柴器就從學校的科展計畫變成了每個月生產一萬個的商品。

這些觀念能夠帶來多少幫助仍有待觀察，但改善燒柴的技術只是基督城已進行的項目之一。這點搭配了新火爐日趨嚴格的排放標準，而非直接的禁令。

在已開發國家當中，較乾淨的火爐似乎是減少燒柴汙染的方法之一。用明火燒柴是造成最多汙染的方式，所排放出來的顆粒物汙染約為老舊火爐的二到四倍。最新的火爐及木顆粒燃料爐性能更佳，所產生的顆粒物汙染不到明火燒柴的五分之一。所以從壁爐升級到火爐，從舊的爐具升級到通過空汙檢驗標準的現代爐具，就能夠減少燒柴造成的空氣汙染。

但這種方法的唯一問題，在於壁爐與火爐的使用年限相當長。大家很少去買新的火爐。那些在倫敦用明火燒柴的人，有百分之六十八是使用房屋本身內建的壁爐，也就是幾十年前甚至是百年前就有的壁爐。火爐的壽命也一樣長，所以僅針對新產品設立標準，會讓整個城鎮在未來幾十年仍會面臨空氣汙染問題，除非能另行設立標準，規範那些未能符合標準的壁爐或火爐才行。

政治人物往往不願意告訴大家在家裡應該做什麼。不過加拿大蒙特婁卻有個相當知名的例外。在一九九八年暴風雪造成城市斷電，大家紛紛改用燒柴的方式取暖。安裝燒柴的暖氣系統作為備案，加上用壁爐裝飾室內空間的流行，因此在短短幾年之內，燃燒木柴的煙霧就佔了該市顆粒物汙染的百分之三十九。該市的空氣汙染變得失控，這種情形就類似英國在二十世紀前二十年的情形一樣。因應的方式就是在二〇一八年公佈禁令，禁止使用非現代的燒柴火爐[15]。

* 〈更溫暖，更便宜〉；請見參見 http://warmercheaper.co.nz/。

另外一種方式，就是由政府提供火爐以舊換新或是補貼的方案。補貼方案就是提供一筆資金，讓大家能夠更新家中的火爐。最早的補貼方案，出現在美國科羅拉多的克雷斯特德比特，這是個原本以淘金為主的小鎮。這個小鎮是滑雪以騎登山越野車的聖地，不過在所屬的空氣汙染圈當中，則是以冬季時的空氣汙染顯著地降低了百分之六十聞名。能夠做到這點，源於一九八九至九〇年的一項計畫，讓當地大部分燒柴的舊火爐替換為新火爐，另外的三分之一則是拆除或停用。另外在西雅圖與雷諾也有以舊換新的計畫。

或許最多人研究的，是蒙大拿州利比實施的計畫。利比在許多方面都可說是洛磯山脈北部典型的小鎮。這裡大多數人都使用燒柴作為居家的暖氣來源。當地的地形被稱為是個浴缸，利比就座落在浴缸底部。早期的拓荒者選擇這個地點定居下來，是因為能夠避免冬天刺骨寒風的侵襲，但所帶來的缺點就是每年冬天谷地當中日益嚴重的空氣汙染問題。

利比的故事，可說是最差的時代之後，最好的時代降臨的故事。在一九二〇與三〇年代，利比是挖掘金礦、銀礦、鉛礦的重鎮，但在這些礦產衰竭之後，靠著蛭石維持小鎮的繁榮。蛭石開採出來的時候是岩石，但是在加熱之後會變成類似魚鱗的片狀，可加在水泥板當中增加隔熱效果，或是用來改善土壤。利比的這種礦產產量一度曾佔全世界的百分之八十。

在一九九〇年代礦坑關閉時，這個鎮的經濟受到嚴重打擊；在二〇〇二年鋸木廠關閉之後，大型產業的雇主都離開當地，使得許多人陷入貧窮的狀態當中。

更糟糕的是，在當地發掘的蛭石後來被驗出含有某種石綿的成分。一開始，大家並不認為這種石綿和其他石綿一樣有害，但在礦場關閉之後，當地許多人開始出現間皮瘤，這種疾病是石棉導致的其中一種癌症。鎮上許多人都使用工廠當中的免費蛭石，在鎮上個地廣泛地使用這種材料，例如在花園、車道、棒球場、學校跑道上，以及作為房屋的隔熱材料[16]。因此這種材料不僅對礦工的健康造成影響，還影響到他們的伴侶與孩子。

在實施舊換新之前，鎮上的顆粒物汙染當中有百分之八十二來自燃燒木柴。除此之外，許多家庭因為舊火爐燃燒效率不佳，因此買不起足夠的木柴。當地政府因此投入了超過兩百五十萬美元，幫助鎮民更換燒柴的火爐。這麼做就能夠讓空氣變乾淨，同時也能夠讓那些經濟困難的家庭能夠擁有燃燒效率更良好的爐具，並且負擔得起燃料的費用。

最後約有超過一千一百個爐子更新，包含重建舊火爐或是停用舊火爐在內。大部分的人都使用燒柴爐以及符合現代標準的木顆粒燃料，同時有百分之八左右的人拋棄燒柴取暖的方式。因此冬季的顆粒物汙染減少了百分之二十七，讓那個小鎮的空氣品質符合了美國的法定標準[17]。

湯尼・瓦德（Tony Ward）與蒙大拿大學的同事調查了這個政策對鎮上兒童的影響，這些兒童都在礦坑關閉之後才出生。在進行火爐舊換新之後，鎮上兒童哮喘的比例就降低了，呼吸道感染與喉嚨痛的案例也減少了[18]。相當有趣的一點，是獲益的不僅是家中有燒柴火爐的人；整個鎮上都因為空氣品質問題的改善而獲益良多。這表示燃燒木柴的煙霧會影響到整個地區。

因此，如果計畫夠大，那麼汙染程度較低的新火爐就有助於改善空氣汙染的狀況，但是缺點是以舊換新的新火爐仍然並非完全不會造成汙染。利比的燒柴汙染仍然沒有完全消失。火爐的品質越來越好，新火爐具有不同的設計，具有多個不同位置的進氣孔，讓木柴能夠完全燃燒。在二〇二二年之前，歐洲所販售的火爐都必須符合生態設計規範的火爐排煙量。不過，就像柴油車的情形一樣，測試結果和實際使用的爐具排煙量仍有相當大的差距。就像驗車一樣，那些測試的爐具都處在非常理想的狀況下，使用乾燥的木柴作為燃料，並且只燃燒一小時，而非使用大家平常添柴讓火爐燒整晚的各種木柴。

大部分實際燒柴的資料多半來自紐西蘭的蓋伊・柯爾森及其團隊提供的資料[19]。柯爾森在英國長大成人，並在艾塞克斯大學擔任「英國南極調查局」的研究員。他在二〇〇五年時遷居紐西蘭，遭遇到許多新的空氣品質挑戰。在二〇〇五至二〇〇九年期間，他的團隊在紐西蘭爬上超過五十戶的屋頂，測量煙囪排放出來的廢氣。研究團隊的足跡遍及北島與南島。他們在每戶研究對象的花園裡放置了一大根藍色的監測儀器，並且有管子連接到煙囪裡。他們會發給每戶屋主一張記錄表與一組量表，讓他們放在裝木柴的籃子下，並且針對使用的木柴進行採樣分析。

實驗的結果與那些實驗室中的檢驗結果大相逕庭。平均來說，測得的燒柴煙量將近實驗室當中的十倍。同一種爐子測得的結果也相去甚遠。某些日子裡，排氣的數值相當接近實驗室的數據，有些時候卻高達那個數據的十六倍。要釐清當中的原因，可說是個相當大的難題。他們無法找出單一的原因，不過他們認為使用潮濕的木頭會增加汙染的程度，以及關閉爐子上的通風口也會。不過最主要的因素在於點火的人。這可說是讓基督城以及整個坎特伯里地區發布公共資訊與進行教育活動的主因，不過柯爾森研究結果卻告訴大家相當重要的一件事，就是設立較嚴格的火爐排放標準，以及推展火爐以舊換新的政策仍有其限制；即使是現代的爐具也可能造成大量的汙染。

燒柴的禁令是另一種控制燒柴造成空氣汙染的方法，主要的概念是允許大家在風大的日子燒柴，這樣汙染物就會被吹走，但在空氣汙染越來越嚴重的時候，就禁止燒柴。華盛頓州自一九八〇年代晚期開始，已在普吉特海灣與西雅圖地區就已經實施了這項禁令。在第一階段時，僅能使用符合美國國家環境保護局標準的火爐，在第二階段時，除非家中無法使用其他取暖方式，否則完全禁止燃燒木柴。你應該想像得到，立法是確保這些禁令能夠實施的關鍵。我們在寒冷的冬夜裡，很難僅憑肉眼就分辨出誰燃燒木柴。挨家挨戶檢查相當浪費時間，也相當擾人，因此透過立法讓政府官員能夠使用紅外線熱影像儀進行巡邏，尋找發熱的煙囪，藉此開立一千美元的罰單。

加州的聖華金谷地也實施了同樣的禁令。加州並非到處都是陽光普照的海灘；聖華金谷地的夏日乾燥而炎熱，冬季則又濕又冷充滿霧氣。二〇〇〇年與二〇一〇年的普查顯示，僅有不到百分之十的家戶使用燒柴的方式作為暖氣來源，但是這些人家卻佔了冬季顆粒物排放的百分之八十。在最嚴重的時候，每天有二十三噸的顆粒物汙染物來自這些家庭。自一九九〇年代開始，谷地就已實施燒柴的禁令，但卻成效不彰。禁令必須要嚴格執行，才能夠有明顯的改變。二〇〇三年時，禁令從每年十五個增加到約一百個，涵蓋了大部分的冬季時間。現在則有「燒柴之前先查詢」（Check Before You Burn）的網站，告訴大家當時是否能夠燒柴。由於禁令的增加，顆粒物汙染下降了百分之十一到十五之間，空氣品質不良的日數也從百分之三十五下降到百分之十二。更重要的是，老年人因為各種心臟疾病入院的比例也下降了百分之七到十一[20]。看來似乎妥善執行禁令就能夠奏效，同時聖華金谷地的禁令更積極鼓勵大家在其他天也不要燒柴。

另外一個正面的例子，則是澳洲的島洲塔斯馬尼亞的例子。費伊．強斯頓（Fay Johnston）從氣候正好相反的澳洲北領地來到塔斯馬尼亞。在此之前，她曾在北領地的鄉村地區工作了二十多年。強斯頓在她的著作《對話》（*The Conversation*）當中，提到了她舉家遷居塔斯馬尼亞時購買的房屋：「我們找到了一間不錯的老房子，有挑高的天花板和迴廊，都是用燒柴加熱的。柴火溫暖了整間屋子，我也覺得很愉快。但問題就在這裡。」塔斯馬尼亞各地在一九八〇年代與一九九〇年代開始流行燒柴，造成了冬季的汙染問題，尤其是座落於河谷的朗瑟士敦，由於地形的緣故，空汙物質在當地無法散去。州政府了解必須採取手段讓空氣品質獲得控制，燒柴造成的空氣汙染也必須減半。他們最後提出的解決方案，並非著重於改善火爐的排放標準，而是鼓勵民眾改用電暖設備。接著以「是不是該戒煙了?」為標題的廣告開始出現在各處，並且提供五百美元的獎勵金給屋主。

這種方式成效斐然。使用燒柴加熱的房屋數量從百分之六十六降低到百分之三十，空氣當中的顆粒物汙染也降低了百分之四十。強斯頓與同事發現燒柴會對健康造成嚴重的影響[21]。燒柴的比例近乎減半之後，冬季的死亡率也降低了百分之十一，對男性的影響尤其明顯。至於心血管問題與呼吸道問題致死的改善，則在男女身上都相當顯著。

和其他這類研究一樣，這份研究也很難把因果連結起來。在這份研究當中，強斯頓比較了朗瑟士敦以及兩百公里外的荷巴特數據。荷巴特並沒有鼓勵民眾放棄燒柴暖爐的資料，也沒有看到民眾健康情形的改善。在朗瑟士敦的研究工作到此並未告一段落。後來的計畫把重點放在改善燒柴的方式，而非鼓勵大家改用電暖系統，但很可惜並沒有達到顯著的成效[22]。

燃燒的東西影響甚巨。有個在紐西蘭小鎮滾球俱樂部提供的研究數據，顯示了令人擔憂的證據。在短短兩年多的時間裡，佩里・戴維（Perry Davy）、比爾・川佩特（Bill Trompetter）與同事一起在威靈頓附近僅有一萬六千人的小鎮懷紐瑪塔（Wainuiomata）進行空氣汙染的研究[23]。草地滾球是許多紐西蘭小鎮居民生活當中很重要的一部分，有些滾球俱樂部的歷史甚至超過百年。在懷紐瑪塔滾球場的一側，接近美麗花圃的那側，有座讓球員能夠遮陽避雨的亭子。在亭子後方，則有個具現代感的白色大型貨櫃，屋頂上方安裝著取樣的儀器，還有個裝置看來像是一九五〇年代電影《禁忌星球》（*Forbidden Planet*）裡的機器人羅比。這個儀器能夠用來測量小鎮的空氣汙染。一如預期，整個冬季期間，鎮上的空氣充滿了燒柴的煙霧，但戴維和川佩特檢視煙霧當中的化學物質時，他們卻感相當驚訝與憂心。煙霧當中含有砷的顆粒，數量多到超出紐西蘭的規定，並且比歐洲空氣當中的砷值規定還多了百分之五十。在世界上的其他地方，砷往往會出現在金屬工廠以及生產電池的工廠附近，但是懷紐瑪塔卻是住宅區。

唯一可能的解釋，是大家燃燒建築用的木材，這些木材經過了鉻酸砷酸銅處理。一九三〇年代時，發明了將木材浸泡鉻酸砷酸銅的方式進行防腐，避免木頭腐爛或是被昆蟲蛀蝕，用砷來毒死昆蟲；在燃燒這種木柴的時候，砷就會進入空氣當中。你很可能會在建材店或是ＤＩＹ商店當中看到經過鉻酸砷酸銅處理的木材。這種木材剛處理好的時候，帶有些微的綠色，但在木柴經過一段時間之後，很難用肉眼分辨是否經過這種處理。

紐西蘭的科學家很快就發現這並非懷紐瑪塔獨有的問題。許多地方都會焚燒經過這種處理的木材。在阿加莎．克莉絲蒂（Agatha Christie）的小說當中，砷就等同於謀殺者。紐西蘭空氣當中的砷當然不會造成這麼大的傷力，但有份研究報告顯示，接觸到這種空氣會讓全國因為癌症死亡的人口比例增加百分之五十[24]。

在燃燒木柴的社區裡，砷並非唯一被發現的有毒重金屬。二〇〇八年開始出現的全球經濟危機對希臘造成了嚴重的衝擊，也讓該國陷入嚴重的財務危機當中，補助金被砍，稅額增加，失業率暴升，在年輕人當中更是如此。燃料油的稅金比柴油低，所以不肖商人就開始用燃料油充當柴油販售，從中賺取差價。價格提高了百分之四十，燃料油的銷售量則大幅滑落。二〇一三年時，史無前例的嚴冬來襲，連雅典也出現降雪，木材放置場於是開始販售非法伐木所得的木材[25]。塞薩洛尼基（Thessaloniki）的顆粒物汙染增加了百分之三十。雅典經濟危機發生的初期，由於開車的人變少，因此空氣品質有所改善。但冬季燒柴的人卻變多了，抵銷了這個效應[26]。就像在紐西蘭一樣，雅典郊區的空氣含砷量增加了，顯示大家都拿廢棄的木頭建材來燒。但在大家燃燒原本油漆的木材或是家具來取暖時，空氣當中的鉛粒子也增加了。

二〇一三年希臘的寒冬讓大家特別難捱，但燒柴排放的煙霧當中出現鉛粒子的情形，並非在此時首度出現。在歐洲大部分的城市當中，包含義大利、匈牙利、德國、芬蘭等等，在大家燒木柴的時候，都會出現額外的鉛。燃燒廢木柴的情形可能比我們想像中更為普遍，這大大破壞了燒木柴相當天然的形象*。

直到現在，我們一直把重點放在已開發國家當中燃燒木柴的情形，但提到在家中燃燒固體燃料對健康造成的影響時，這只不過觸及了皮毛而已。家中燒柴的問題，其實在開發中國家造成的衝擊更大，在二〇一五年時，造成約兩百八十五萬人死亡。在低收入與中收入國家裡，約有三十億人必須靠燒柴、稻草、糞便、其他生質燃料烹飪。對大部分的人而言，就是用三顆石頭作為爐具，上面放個鍋子煮東西這麼回事。在低收入國家當中，這種居家空氣汙染致死的風險，僅次於早死。主要負責烹飪的女性，以及多半待在家中的老年人，呼吸道最多汙染的空氣，但汙染對兒童造成的影響也很大，會導致已開發世界當中罕見的兒童肺炎。受影響最嚴重的國家為非洲與南亞國家，當地會焚燒廢棄農作物，讓空氣品質變得更糟糕。這和西歐家庭燒柴作為裝飾不一樣，這些國家裡並沒有其他的替代能源。現在應該把重點放在幫助他們在家中使用爐具代替三顆石頭的火堆，並且使用有煙囪的爐具代替沒有排氣孔的爐具，而非採行西方國家的解決方案。

世界各地也嘗試了許多大型的計畫。中國的國家爐具改善計畫，在鄉村地區發放了一億八千萬個具有煙囪的爐具，另外在印度也有類似的計畫，發放爐具給三千兩百萬戶使用。有

---

* 彼得・摩納（Peter Molnar）與同事在哈格福什鎮居民的身上掛了取樣器，在鎮民進行日常活動時收集瑞典冬天的空氣。研究的結果發現大家呼吸的空氣當中含有鉛與燒柴的廢氣，但來源並非含鉛的油漆。摩納推測鉛很可能來自樹木生長的土壤，反應了石油幾十年來造成的鉛汙染。請參見Molnar, P., Gustafson, P., Johannesson, S., Boman, J., Barregard, L., and Sallsten, G. (2005), 'Domestic wood-burning and PM2.5 trace elements: personal exposures, indoor and outdoor levels'. Atmospheric /environment Vol. 39(14), 2643-53。

些計畫則試圖想要幫助大家不用木柴烹飪。在印度，有個自二〇一六年起實施的計畫，目標在於協助五千萬人使用桶裝液化石油氣。在厄瓜多，涵蓋完整的水力發電計畫，讓大家能夠用電爐取代傳統的烹飪爐具。有分針對超過兩萬一千名中國農夫進行的研究，結果顯示爐具的改善能夠減少肺癌的死亡率。事實上，這些計畫帶來的好處遠超過改善空氣汙染，也能夠增加當地社區的長期經濟收益。如果婦女與孩童不用花那麼多時間撿拾柴火或是準備烹飪用的糞便，那麼他們就有更多機會能夠替家裡賺錢，或是多花些時間接受教育[27]。

有關燒柴的最新研究報告，提出了另一項的隱憂。我們都非常熟悉家中煙囪冒出的屢屢白煙，但這些煙在我們的空氣當中停留幾個小時之後會如何？想要知道答案，就讓我們來看看瑞士的例子。

儘管該國面積不大，卻在空氣汙染科學方面領先全球，此外在阿爾卑斯山谷地也有燃燒木柴造成的空氣汙染問題。保羅謝勒研究所橫跨巴塞爾與蘇黎世之間的阿勒河，具有歐洲最先進的空氣汙染實驗室與頂尖科學家。安德烈．浦雷佛（Andre Prevot）和哈根斯密特（Haagen-Smit）一樣，最早研究了洛杉磯的霧霾，他帶領的團隊則是研究室內的空氣汙染。這些基本上就是大型的房間，裡面有個巨大的透明塑膠氣球，可以把汙染的空氣封存在當中進行研究。

有一天，艾蜜莉・布魯恩斯（Emily Bruns）帶了一個燒柴的火爐到實驗室當中進行新實驗。她用一些木柴點火，並且用產生的的煙霧裝滿其中一個房間。接著他們就等待接下來發生的事。他們會使用燈光來模擬太陽，在經過一段時間之後，他們慢慢地發現燒柴的煙霧開始出現改變。煙霧當中的氣體與顆粒會開始出現反應，形成汙染程度更為嚴重的粒子。在某些實驗當中，汙染顆粒的濃度會增加百分之六十，有些則達到將近三倍[28]。

芬蘭的研究也顯示類似的結果。在密室當中發生的情形，很可能與你生活的街道不盡相同，但如果這些實驗有類似真實世界的地方，那麼燒柴造成的空氣汙染可能比我們想像中的更為嚴重。

放眼未來，在我們減少暖氣系統的碳排放量時，透過燒柴供應居家與辦公室的暖氣，似乎會取代使用石化燃料。英國已經將不同的能源納入考量，但只有可再生比例高的能源或是核能，才能讓我們達到對抗氣候變遷的目標。可再生能源的來源包含風力、潮汐、太陽能，這些牽涉到必須在可用時擷取電力，而不見得在需要使用時才發電。木柴、煤炭、天然氣、石油當中蘊含的能量，可以在我們需要的時候釋放出來；不過像是在寒冷的冬季夜晚，燃燒木柴或是生質能源仍是種補足能源空缺的可再生方式。我在倫敦國王學院的同事，檢視了英國小鎮與城市當中在未來增加燒柴取暖可能造成的影響。雖然交通工具與工業造成的顆粒物汙染可望減少，但這些改善很可能因為燒柴的增加而抵銷，因此到了二〇三〇年左右，英國都市（百分之八十人口居住之處）當中的顆粒物汙染很可能和二〇一五年時差不多，讓二十世紀中期以來的進步停滯不前[29]。

燒柴真的能夠達到碳中和，或是鼓勵燒柴會落入同樣的圈套，和歐洲對柴油車所做的事相同？燒柴釋出的二氧化碳當然和燃燒石化燃料相同。事實上，要釋放出等量的熱能，燒柴所產生的二氧化碳和燒煤相當，約為天然氣的兩倍。這是由於木柴的化學成分與當中所含的濕氣所致。木頭就像海綿一樣，即使是乾燥的木柴，也含有約重量百分之二十的水分。未經處理的木材，當中所含的水分在百分之四十以上。在燃燒木柴的過程當中，必須排除這些水分，因此也會消耗能量。

只要燃燒木柴幾分鐘，所釋出的二氧化碳就等同於幾十年或是幾世紀儲存在樹木當中的二氧化碳量。燃燒木柴對氣候變遷的影響為中性這個概念，來自於這種二氧化碳在樹木生長時會被再度吸收。但這個過程需要時間。所以，在一定期間內，燒柴產生的二氧化碳會多過燃燒石化燃料產生的二氧化碳。我們必須考慮這兩種方式的可能性。在其中一種當中，我們燃燒石化燃料，就能讓樹木繼續生長，吸收二氧化碳。在另一種當中，則是砍伐樹木來焚燒，並且再種一棵來取代。最糟糕的狀況，則是如果我們砍伐吸碳量最多的成熟樹木，回收的時間可能需要超過一世紀，然而焚燒石化燃料，則能夠讓樹木繼續在森林當中生長*。如果透過森林管理，僅焚燒木材的邊料，那麼回收時間就能夠加快。

但除了焚燒木材本身會產生二氧化碳以外，我們也必須加入林業機具的石化燃料排碳量，以及處理與運送木材的排碳量。要把加拿大的木材運送到歐洲焚燒，用卡車運送需要經過一百公里，用火車運送為一千公里，海運的話則為一萬六千公里，這些都需要由石化燃料提供動力。因此只有在我們種植的樹木多於砍伐樹木的情況下，那麼長期看來，燃燒木材才可能達到氣候中和的效果。

因此燃燒木材在防止氣候變遷方面帶來的好處，很可能沒有乍看之下那麼明顯，因此在我們說燃燒木材有助於防止氣候變遷時，必須格外謹慎。如果要避免進入無法逆轉的氣候變

* 這點受到雙方激烈的爭辯。提倡使用木材作為能源的人，認為反正樹木一定會被砍伐，用於某個方面，例如用於造紙，或者成為木材。另一方則主張燃燒木材會增加木材的整體需求量，讓更多樹木遭到砍伐。若是如此，則必須透過增加森林的面積及其儲碳量才能達到平衡。

遷情形，以及限制全球氣溫上升的最大幅度，那麼在未來的幾十年內，要避免燃燒木材產生額外的二氧化碳，會是攸關重要的事。

無論燒柴是為了讓室內升溫或是烹飪，都會造成空氣汙染的問題，在許多情況下也會對健康造成衝擊[31]*。大家往往都習於接受周遭的汙染，因此就看不見汙染。只有在燒柴的情形消失或減少時，對健康造成的影響才會變得明朗。

西歐看待燒柴問題時，其實相當偏心，他們為了休閒或是裝飾目的而燒柴，阻礙了維持空氣清新的發展。例如一九五〇年代倫敦出現空氣汙染問題時，解決方式就是需要政府做出困難的抉擇，直接告訴大家在家裡能做什麼，不能做什麼。然而，這樣的行動是必要的，因為家中製造的煙霧會汙染鄰近地區的環境。大家覺得在家裡燒柴是件溫馨的事，但實際上卻會造成負面的影響。這種情況就如同大家爭辯在酒吧以及餐廳是否應該禁菸一樣。就像車輛使用的柴油燃料一樣，提倡燒柴者以有助於對抗氣候變遷的方式來推廣，但這點其實令人質疑。十九與二十世紀冬季的霧霾以及汙染問題在發展中國家相當明確，應該已經讓我們相當清楚在家中燃燒固體燃料會造成什麼問題，不過這種習慣卻又再度回到西北歐的城市裡。燃燒木柴以及煤炭造成的顆粒物污然相當難以控制，產生煙霧的地方就在許多人居住的社區當中。極少數人家燃燒木柴製造的煙霧，卻造成了鄰近地區甚至是整個城市顆粒物汙染的主要來源。

販售爐具的公司指著新標準，說只要使用現代的爐具，燒柴就不會造成問題。然而，即使爐具通過了新的生態設計規範，仍然會造成顆粒物汙染。生態設計規範的檢驗標準，所允許排放的顆粒物汙染值，仍然是現代歐盟六型柴油貨車標準的六倍左右，或是現代柴油汽車標準的十八倍左右[32]。因此車主必須支付廢氣處理的費用，工廠也必須支付煙囪的廢氣處理費用，但在家中燒柴造成的影響，卻抵銷了上述兩項帶來的好處，這樣公平嗎？在有其他選擇的情況下，使用木柴或是其他固體燃料取暖，實在說不過去。要改變態度、習俗、習慣並不容易，但我們確實需要採取行動。

---

* 吸入燃燒木柴煙霧對健康造成的影響，可從大家在實驗室中吸入燒柴煙霧的實驗得知。（Bolling et al, 'Health effects of residential wood smoke particles'）。

第十二章　錯誤的運輸方式

在一九五〇年代，普通的英國家庭要擁有一輛車並不容易。今日，開發中國家的多數家庭都認為擁有一輛車相當重要，這樣才有機動性，方便去工作、購物、從事休閒活動。但是在二十世紀晚期時，開發中世界的空氣汙染，被和交通工具畫上了等號。城市有關單位的優先代辦事項當中，列入了建設更多的道路消化大量增加的車輛，而非處理健康與環保問題。這就造成了交通運輸計畫的發展成為所謂的「擋風玻璃視野」，也就是只從駕駛人的角度檢視問題，把使用車輛列為首要之務，其次是大眾運輸，最後才是行人與自行車使用者[1]。政策本身並沒有把重點放在替代方案上，並且鮮少注意環境與健康方面造成的衝擊。

在這種受限的脈絡之下，世界各地的許多計畫都在處理陸上交通工具造成的空氣汙染，成效則不一而足。

新車日趨嚴格的標準，能夠確保這些車輛比取代掉的舊車更乾淨。這個概念的核心，在於努力遏阻世界各地的交通汙染。儘管出現了福斯轎車的醜聞，以及歐洲汽車製造商未能遵守二氧化氮的排放標準，卻已經相當成功地減少其他汙染物，尤其是石油廢氣當中的汙染物質。歐美最先提出的標準，現在已經成為了國際標準。南北美洲都仿效美國的標準，世界上其他地區也模仿了歐洲的方式，但卻有一項重要的差別：他們都落後十年以上。例如，儘管已有可用的技術，但二〇一四年在印度多數地區販售的新車只符合了歐洲兩千年實施的標準。

在歐洲各地，低排放區成為了加速改善都市空氣汙染的利器。這些包含了限制老舊車輛進入市中心，甚至是整個城市當中。低排放或是環保區始於一九九六年，當時瑞典的斯德哥爾摩、哥特堡、馬爾默三個城市禁止老舊的重型貨車駛入市區。瑞典之外的第一個低排放區，則是二〇〇二年的白朗峰隧道，之後這個概念也慢慢擴及其他國家。到了二〇一五年初，在十二個歐盟國家當中，已有超過兩千個這類的低排放區，包含有七十個的德國，以及九十二個的義大利在內。大部分的低排放區僅對重型貨車設限，不過在德國、希臘（瑞典）、葡萄牙，同時也對老舊汽車設限，義大利的低排放區，也同時將機車納入其中[2]。世界上最大的低排放區（一五八〇平方公里），則為始於二〇〇八年的倫敦計畫。歐洲的另一個巨型都市巴黎，則在二〇一七年時加入低排放區俱樂部，限制歐盟第一期與第二期（二〇〇〇年之前）

排放標準的汽車與機車及不符合歐盟第三期（二〇〇六年之前）標準[3]的重型車輛進入市區。

要衡量某種空氣汙染控制工作的成果極為困難。許多人期待某項新政策實施的第一天就突然有所改善，但這是不可能發生的事。光是天氣變化就很可能讓人不容易看出成果，要評估低排放區本身也是個問題。第一項困難，是不斷有新車取代老舊車輛。設立低排放區，只是加速這種趨勢的發生，因此我們必須把額外的好處和沒有設立專區時區分開來。第二點，則是某個區域當中的車輛並不會在計畫實施後的第一天就突然改變。在倫敦，是到了規定實施的六個月之後，才有大幅改變。這點對倫敦人來說很棒，因為好處很早就出現，但改變卻是緩緩地進行，讓他們很難察覺。新規定實施的第一天，改變可說趨近於零[4]。第三點則是這些低排碳區的野心有多大。業界以及汽車駕駛人在媒體上的音量很大，政治關係也很好，所以對於要設立這些區的爭論，往往在於強調必須花費多少錢，以及對生意造成的損失，因此就會限縮計畫實施的規模。在倫敦，低排放區第三階段實施的時程，就因為業界的反對而延宕了兩年。

低排放區造成的影響，也可能比大家能夠預見的更為複雜。二〇〇八年時，倫敦低排放區造成了倫敦外圍道路廢氣的顆粒物減少，但倫敦市中心卻毫無改善。為了明白箇中原因，我們必須更仔細地檢視各個地區的交通型態。造成倫敦市中心空氣汙染的交通工具，主要為公車，這些交通工具都在低排放區開始實施之前，就已經安裝了空氣濾淨器。因此低排放區對倫敦市中心造成的影響並不大。相較之下，倫敦外圍的交通工具有許多是老舊的重型貨車，因此影響就大上許多[5]。從倫敦經驗當中獲取的重要教訓，就是低排放區必須根據每個城市現有的交通工具來設計。倫敦後續在二〇一二年實施的第三與第四階段獲得些微的成功，讓整個城市的空汙顆粒物減少約百分之三[6]。

德國的低排放區則和倫敦不同，同時也禁止汙染最嚴重的車輛進入，尤其是柴油車，這麼做也大為成功。在全國各地，低排放區與非低排放區城市的空氣汙染有著顯著的差別[7]。這點在顆粒物汙染方面尤其明顯。相較之下，研究人員發現荷蘭低排放區的改善情形就不怎麼明顯。其中一項可能的原因，是因為在荷蘭的計畫太過薄弱，他們只對每個城市當中的一小塊地區實施低排放區，並且只禁止最老舊的貨車進入[8]。

大家往往會擔心禁止汙染最嚴重的車輛進入，會讓這些車輛分散到禁區四周，只會讓問題轉移到他處而不會消失。在倫敦低排放區實施之前，首都的貨運車輛可說是全英國最老舊的。低排放區促使營運者購置新車輛，因此也沒有證據顯示老舊的車輛移動到首都周圍[9]。德國的情形也相當類似，反對者擔心低排放區會讓鄰近地區的空氣變差，但這種情形並沒有發生[10]。顯然低排放區的實施淘汰了許多老舊車輛。

如果低排放區成效斐然，那麼為何歐洲的許多城市仍有二氧化氮的嚴重問題？在二〇一〇年實施新規定的時候，有二十一座歐洲的城市無法符合法定汙染物的標準。交通資料顯示，倫敦的低排放區有效地禁止了最老舊的車輛[11]。這部分的政策相當有效。然而，正如在第十章當中討論到的，真實世界當中，新柴油車排放的廢氣並沒有像歐盟的規定一樣減少，因此抵銷了低排放區帶來的好處[12]。

另外還有其他類型的限制，重點在於限制交通工具的數量。有好幾座歐洲的城市擬定了限制交通工具數量的計畫，改變停車規定，或是補助大眾交通工具以控制最嚴重的霧霾問題[13]。這些非常類似美國西部有霧霾預報時實施的禁令。歐洲最大型的這類計畫位於巴黎，包含了主要道路上的速限，提供免費的大眾交通工具，或是給予補助，並且禁止某些車輛駛入*。同樣的計畫也在法國各地的其他城市以及比利時實施。二〇一五年時，馬德里開始在霧霾期間實施緊急計畫，並且迅速開始實施這個計畫。二〇一六年十二月時，有長達一週

* 巴黎計畫也會根據霧霾的性質針對工業與農業車輛進行限制。

的時間，整個城市根據車牌號碼實施禁止開車進入市區的規定，每天輪流允許車牌號碼為奇數與偶數的車輛開車進城。在二〇一六年時，奧斯陸為了對抗冬季霧霾，有兩天的時間禁止柴油車輛駛入市內。這些暫時的禁令引發了許多爭議，結果也證實這種做法成效不彰。從對健康的影響來看，我們知道長期接觸到汙染的空氣，造成的傷害比短期來得大，所以最好能夠著重於減少每日的空氣汙染，而不要只在霧霾最嚴重的時候進行控制。

不像歐洲只在霧霾期間實施這些計畫，某些南美洲的城市則會在市內某些區域實施日常禁令。最早的計畫一九八六年出現在聖地牙哥的「車輛限制令」（Restricción Vehicular），這個計畫會根據車牌號碼在某些日子禁止車輛進入。在此之後，墨西哥市也實施了「今天你不能開車」（Hoy No Circula）計畫，巴西的聖保羅以及哥倫比亞的波哥大也實施了類似的禁令。在二〇〇八年的奧運期間，北京與天津也實施了同樣的駕駛禁令，在奧運之後，北京在修改部分內容之後，也繼續實施禁令。這些計畫對空氣汙染帶來一些影響，但有些因素卻影響了計畫的成效。有些計畫只在交通尖峰時間執行，所以駕駛人只是改變了開車的時間而已。在許多地方，禁令實施的範圍過小，所以改善空汙的效果有限，有些則因為大家為了每天都能開車，因此購買額外的車輛（往往是老舊且汙染較嚴重的車輛），造成空氣汙染的問題反而變得更嚴重[14]。

另外一個良好的範例，是倫敦實施的塞車收費計畫。這項計畫在二〇〇三年實施，針對進入市中心約二十二平方公里區域的車輛徵收日費，這塊區域的面積約為大倫敦地區的百分之一點四。徵收的這筆費用則用來改善公共交通運輸，主要是整個城市的公車服務。雖然在實施的第一年中，市中心的車輛減少了百分之十八，但空氣汙染的改變卻不明顯。就像許多其他的交通禁令一樣，限制區域過小，時數也有限，讓城市的空氣改善也因此受限。另一項因素，則是汽車排放量減少，以及能夠自由在區域內移動的公車與計程車排放量的增加，兩者之間相互抵消了[15]。看看今日倫敦市中心塞車的情形，如果你認為塞車費沒用，確實是情有可原，但如果沒有設立這個收費區，這個城市又會變得如何呢？顯然用於大眾運輸的資金會減少，但很難說交通狀況會有多少改善。

從印尼雅加達的例子，就能夠窺知取消交通禁令帶來的可怕影響。雅加達在二〇一七年時取消了高乘載車道。高承載車道最先出現在一九七〇年代的華盛頓、紐約、加州，後來才慢慢在美國與國際各地普及。高承載車道禁止單人駕駛的車輛進入，鼓勵大家共乘，並且能夠快速通過塞車的路段。批評者認為把一整個車道讓給少數車輛，可說在空間運用方面相當沒有效率，如果沒有設立這個車道，交通會比較順暢，但雅加達突然終止這個限制，卻帶來了相反的效果。停止這個計畫的實施，是為了遏阻雇用乘客的生意，尤其是在路邊大排長龍的兒童。有鑑於此，城市當中的政治人物必須迅速採取反應。這個計畫在一夜之間突然終止，所有的車輛瞬間就能夠自由行使在所有的車道上。然而，這麼做並沒有減少行車時間與改善塞車的情形，整個路網的交通狀況反而變得更糟糕。每公里的行車時間增加了兩分鐘，同時也影響到從來都沒有實施過高承載的車道上[16]。解除禁令鼓勵更多人開車，這種情形稱為誘導行車（induced travel）。

誘導行車是鋪設新道路時的矛盾核心問題。倫敦外環高速公路（M25 motorway）的駕駛人應該對這個狀況不陌生，額外增加的車道對改善車流量的作用相當有限。在道路壅塞時增加車道，不僅會讓道路一樣壅塞，情形甚至還會變得更嚴重。這種情形就會讓人提出興建替代道路的方案等等。用增加道路容積的方式解決道路運輸與空氣汙染，可說是徒勞無功。在英國以及其他地方有著無數這樣的例子。

在提到興建道路時，經常提到兩個矛盾的例子。第一個是布雷斯悖論*。這是賽局理論的基礎，也就是增加額外的車道似乎對於紓緩車流量的幫助不大；例如在小鎮周遭興建一條外圍道路。每一位駕駛人會各自決定使用新的連結道路，希望能夠更迅速地從A點走到B點。對單一駕駛人而言，這或許是明智的決定，但是所有人做出同樣決定造成的影響，表示新道路也會變得更壅塞，因此新道路帶來的好處就會減少，甚至變得完全沒有幫助。

第二點則是吉馮斯悖論，這個理論在環境經濟學當中具有許多分枝。一八六五年時，三十歲的威廉·史坦利·吉馮斯†（William Stanley Jevons），又名史坦利·吉馮斯（他偏好大家這麼稱呼他），正在思索著英國煤礦的存量以及經濟成長問題[17]。吉馮斯生於利物浦的鋼鐵商家庭，但由於生意失敗，年輕的吉馮斯在二十多歲時，去澳洲的國家鑄幣廠擔任化學家，收入相當豐厚。澳洲是個新興國家，經歷了一波淘金潮，出現了許多興建鐵路的爭論。這些讓年輕的吉馮斯開始對經濟學產生興趣。在回到英國之後，他看見了日益精良的蒸汽引擎讓國力逐漸增強，但如果煤礦用盡了，會發生什麼事？當時最流行的看法，是增進機械效率能夠延長礦產使用的時間，但吉馮斯卻全盤否定了這個想法，他認為「減少燃料的使用等於減少消耗，實在是令人感到混淆的概念。事實正好相反。」更有效率的工業，能夠在短時

---

* 你可以不需要閱讀德文原文，這裡妥善整理好的摘要即可：http://www.forbes.com/sites/quora/2016/10/20/bad-traffic-blame-braess-paradox/#57129abe14b5。

† 吉馮斯對於動力飛行器的挑戰擁有許多有趣的想法。他考慮使用電力，也就是傳輸電力的方式，並且覺得許多相關實驗都注重在靜電上相當可惜。他同時也比較了風力與水力等自然能源，相較於煤礦，這些會受到氣候的影響，而無法隨心所欲地使用。

間內減少煤礦的使用，但產品價格的降低，則會促使需求增加，產生的反彈效應會造成更多新工廠的設立，因此煤炭的消耗量也會變多*。

在交通方面的對比就是行車時間。每次我們增建新道路或是改善現有的道路，就能夠縮短從A點到B點的時間。如此一來就會提升效率，並且更吸引大家從A點到B點工作或是從事休閒活動，貨品的運輸也會變得更為便宜。這樣就會造成移動的需求增加，同樣的，有效使用煤炭，也會讓煤炭的消耗量增加，而非減少。

一九九四年時，英國政府委員會做出激烈但正確的決定，認定新建道路並不會解決塞車問題[18]。他們是在仔細研究多項計畫之後作出這個決定。其中一項計畫，是倫敦的高架道路Westway，地點從倫敦西區的派丁頓開始，用水泥柱架設高架道路。這是一九六〇年代重要的土木工程，也成為了英國最長的高架道路。興建這條道路的目的是為了讓車輛經過大家的房屋上方，分攤下方道路的車輛。結果Westway很快就充滿了新的車輛，帶領大家前往之前不易前去的地方，但下方的道路依舊相當壅塞不堪。

委員會同時也研究了倫敦東部的黑牆隧道。維多利亞時代末期，在黑牆興建了一條隧道，讓行人與馬車可以通過泰晤士河下方，並且成為肯特與倫敦東區的重要聯接道路。一九六〇年代時，興建了第二條隧道以及新的連接道路，以紓解渡河的交通量。委員會想要了解新隧道是否能夠減少塞車的情形，因此檢視了新隧道通車前與通車後的車流。周遭渡輪與橋樑的塞車情形並未因此減輕，除此之外，在新隧道開通之後，倫敦東區在交通尖峰時刻的車流量反而增加了百分之五十。這並不只是因為車輛的數目增加了；倫敦西邊過橋的車流量還減少了百分之十。因為倫敦東方開通的新隧道，反而讓車流量增加了。

這個影響不僅發生在倫敦而已。有關外環道路的研究，包含兩個針對英國西北部的研究，以及一個在阿姆斯特丹的研究，都顯示新建道路之後，替代道路的車流量並沒有減少。一份二〇〇六年針對英國三條外環替代道路的研究也得到類似的結果[19]。在新道路開通之後，市內車輛以及外環道的車輛加總後的數量增加了，因此市中心依舊擁塞不堪。

美國的情形也相去不遠[20]。在某些案例當中，某條道路的巷弄數量加倍時，車流量也同時會加倍。其他新建或是拓寬的道路都沒辦法改善塞車的情形，因為大家會改變通勤的時間。駕駛人不願意錯開交通尖峰時刻來避免塞車，而是都一窩蜂同時改走新的道路，因此造

---

* 有人主張能源效率的增加，必須同時配合綠色稅金，來預防支出減少，以及能夠產生的社會紅利；或是採用「最高限度貿易」計畫，制定汙染排放量的上限，並且販售這些定額。

成塞車的情形。這就是布雷斯悖論的最佳例子。

許多新建道路計畫的理由，是為了要促進當地或是該區域經濟發展，認為這樣就更容易把貨物運入與運出某個區域，或是增加在該區域營業的吸引力。如果新道路帶來的交通能夠成功地帶來經濟效益，那麼在道路建設完成之後，必定會看到營業用的車輛增加。然而，增加的營業用車輛只是一小部分而已。美國道路增加之後，主要增加的車輛都是私家車輛。造成問題的主因，並非開車的趟次。大家不會故意開兩次車去上班，而是他們決定走新道路去上班或是購物。

誘導行車是否可逆向操作？是否可能透過減少道路的容積來改善空氣汙染的問題呢？

簡單來說，可以辦得到。有份研究檢視了十一個國家當中的七十個計畫，發現減少道路的容積能夠讓車流量減少[21]。這些計畫包含歐洲城市市中心改為行人徒步區；在一九九三年愛爾蘭共和軍爆炸案之後，限制進入倫敦的車輛；倫敦西敏寺橋、倫敦塔橋、漢默史密斯橋封閉修繕；英國倫敦市中的交通計畫；引進公車專用道，包含在英國以及加拿大的多倫多；封閉英格蘭南部的鄉道；挪威小鎮的街道改善計畫；澳洲荷巴特塔斯曼橋倒塌；日本與美國加州大地震造成的影響，當地的交通路網突然中斷。這些狀況相去甚遠，所以很難直接比較，但在半數的案例當中，有超過百分之十一的車輛消失了。在某些案例當中，車輛減少的時間僅是曇花一現，駕駛人很快就適應了新的路網，但在大型交通計畫當中讓道路容積永久減少維持長期的效果。沒有人研究過這些交通計畫對環境帶來的好處，但減少車輛不僅能減少空氣汙染物的排放，還有其他許多好處，不僅能夠減少城市當中的噪音，也能夠減少造成氣候變遷的氣體排放。

我們運送貨物的方式，也會影響空氣汙染的情形。許多城市當中往往有公車、火車、捷運網來運輸民眾。但提到貨物，往往都是由不同業者競相為私人公司來運送。運送往往從城市之外開始，也就意味著運輸計畫當中，將貨車與廂型車視為短暫的訪客，忽視了他們的需求。同樣的，貨運公司也將城市視為由街道組成的迷宮，能夠越快通過越好。這讓貨運業者與他們所處的地區未能產生連結[22]。

幾年前，我自己也用同樣的方式看待貨物。我曾到倫敦中部參加交通計畫會議。他們鉅細靡遺地報告了越來越多人到倫敦市中心工作以及通勤的方式，同時也有臨近的地鐵與公車路線資訊。那是相當棒的分析。向窗外望去，外部的道路被貨車塞得水泄不通，都停在那裡等紅綠燈。在提問時間時，我請發表者看看窗外的情形，告訴我那些貨車在做什麼。他看了之後聳聳肩，坦承他並不清楚狀況。

太少注意到街上的貨車以及我們所呼吸的空氣，會造成嚴重的後果。在一九九六至二〇一六年間，廂型車是英國成長最迅速的車輛類型，共成長了百分之七十一[23]。整個歐洲都可看到類似的模式。這些新的廂型車幾乎都是柴油動力車，跟柴油車有同樣的二氧化氮排放問題。廂型車的增加，往往被怪罪在網路購物以及貨運上，但交通資料卻顯示不是這麼回事。大部分的廂型車都是在網路購物之前就增加的；那麼這些廂型車都用來做什麼呢？在二〇〇八年時，大部分的廂型車都用來運送設備，或許反應了一九九〇年代開始的自雇風潮。企業處理庫存與用品的方式也有了重大的改變。辦公室地下室有著大型中央文具店的情形已經不復在了。現在我需要辦公用品的時候，只要在線上訂購，零售商隔天下午就能夠把貨送到。這表示我們的建築物不需要再浪費空間設置這些商店，不過對業界、零售商、辦公室來說，這種「即時」到貨的情形，表示意味著效率不彰的情形，卻轉變成道路運輸的效率不彰。二〇一四年時，倫敦各處行駛的廂型車當中，有百分之三十九的載貨量不到四分之一車[24]。市中心有許多大多空蕩蕩的廂型車穿梭著，相互競爭的對手走著相同的路。由於競爭相當激烈，貨運業很難符合勞基法。都市快遞市場的結構意味著大型城市當中，具有最老舊的車隊。二〇一四年時，巴黎市中心營業的輕型貨運公司約有一萬兩千間[25]。在八次的貨運當中，就有一次是直接由小型公司運送的，甚至是店主用非常老舊的車輛送貨。自由市場的機制並沒辦法發揮效果。

在全球各地很難找到良好的貨物運輸系統。芝加哥市中心曾有密集的六十英里網狀隧道，用窄軌列車來收集廢棄物以及運送郵件、煤礦、其他用來建造地下室的材料，一直使用到一九五九年為止。這點讓郵局有了靈感，於是就使用鐵路在倫敦地底下運送郵件，直到二○○三年才停止[26]。在葡萄牙的波多，使用貨物輕軌來運送煤礦和魚，在德勒斯登，德國福斯汽車用貨物輕軌把零件從鐵路總站運送到工廠當中，但這類的例子卻少之又少。

其中一種解決方式，是設立集貨中心。這些管道會把貨物運送到一個區域當中的一個地點。接著這些貨物會一起運送，接著由裝滿貨物的車輛運送，有時候甚至是由電動車運送。到目前為止，設立這些中心並不經濟，因為目前的運送系統無法完全減少對環境造成的衝擊。有效率的壟斷使全國郵政系統有助於控制這個問題。無論解決方法為何，顯然都需要更大型的都市貨物運送計畫，就像都市計畫或是運輸人群的大眾運輸系統一樣。

許多人因為電動車的出現感到興奮，認為那是我們都市空氣汙染的解方。我們已經在使用這些車輛來運送科學儀器一段時間了。這些車輛容易駕駛，也相當有趣。二○一七年時，英國與法國宣布在二○四○年之後，將不再販售汽油與柴油車輛[27]。接著巴黎則大肆宣傳在二〇三〇年時，將會實施全國的禁令[28]。這樣就能夠終結內燃機，慶祝我們的城市有乾淨的空氣能夠呼吸嗎？恐怕沒辦法，或是至少在接下來的二十年內不可能，原因如下。首先，最明顯的，我們需要可再生或是無汙染的電力，才能夠產生零汙染的電動車。其次，英國的禁令只適用於轎車上，並未納入較大型的車輛。目前並沒有計畫要針對柴油或車或公車實施禁令。第三，排氣管並非陸上交通工具造成汙染的唯一來源；顆粒物汙染會來自路面、煞車、輪胎的磨損，這些現在已經變成了比廢氣更為嚴重的問題。這些問題會出現在包含電動車在內的車輛上，路面磨損造成的汙染問題也變得日益嚴重。我在國王學院的研究團隊從二〇〇五年到二〇一五年追蹤了倫敦的六十五條道路，了解空汙的情形後，得到了以上的結果[29]。讓我們感到驚訝的是，我們發現某些道路的顆粒物汀染越來越嚴重，而非日漸改善。這些主要是倫敦外圍的道路，行駛的重型貨車數量越來越多。在這些地方柴油廢氣減少對空氣汙染所帶來的效益，遠不及輪胎、煞車、路面磨損造成顆粒物汙染增加的情形。

煞車、輪胎、路面磨損的程度，取決於車輛的重量。電動窗與空調等配件，意味著新車會比舊車重；較重的車輛會造成路面磨損情形變嚴重，以及要用煞車讓車輛停下來時，所需要的能量也會更多。

汽車、箱型車、貨車的煞車系統也有所改變。我在一九九〇年代擁有的車輛，仍然使用煞車鼓。三十年之後，大部分的車輛都使用碟煞。碟煞的專利始於一九〇二年，但直到五十年之後才出現在車輛上，當時捷豹才開始實驗在賽車上使用碟煞。使用碟煞這種創新，讓捷豹贏得了一九五三年的勒芒二十四小時耐力賽。因為碟煞讓車輛停止所需的距離只有其他人使用的鼓煞一半，所以捷豹的賽車手可以等待更長的時間，在轉彎處才煞車，超越其他必須提早煞車的車輛[30]。慢慢地，在碟煞的穩定度問題解決之後，就慢慢取代了我們在街道上駕駛車輛中的鼓煞。但這也同樣帶來了缺點。在煞車碟與煞車片變熱開始磨損之後，就會將微小的金屬顆粒物排放到空氣當中。相較之下鼓煞磨損之後造成的顆粒物，大多都密封在煞車當中[31]。

毒物學家（包括我的同事法蘭克．凱莉（Frank Kelly）以及伊恩．莫德威（Ian Mudway））告訴我們這些輪胎、路面、煞車釋出的顆粒物會造成許多傷害[32]。如果吸入這些顆粒物，在肺部當中產生的化學反應會顛覆人體自然的防禦機制，造成肺部感染以及其他免疫系統必須疲於應付的問題。目前沒有任何政策管制這些顆粒物。在時速三十英哩時停車，煞車釋出的顆粒物是時速二十英哩時的兩倍，所以降低城市當中的速限或許有些幫助，同時也能夠降低車輛的噪音。

有份研究報告顯示，相較於今日我們購買的汽油或是柴油車輛，同樣大小的電動車因為電池的重量較重*，可能會造成煞車、路面、輪胎磨損時釋出的顆粒物增加[33]。然而，由於車輛可行駛的里程數，是電動車能否成功以及大家是否願意使用電動車的關鍵，因此還必須努力設計車輛，讓車輛變輕（也就是所謂的減重設計），如此一來才能確保排放的顆粒物在未來能夠減少。由電池驅動的電動車會把汙染從我們的城市當中，帶到遙遠的發電廠去。這或許有助於減少街道上的汙染，但正如我們在第六章當中所見，發電廠排放的汙染可能帶來嚴重的傷害。為了能夠獲得最大的好處，我們需要零碳的電力。

我們也必須減少對道路交通工具的依賴。在世界各地，各國都市化的速度越來越快。對那些開發中國家來說，很重要的一點是要確保不要再犯高收入國家過去曾有的錯誤。低汙染的城市，必須要建構在步行、自行車、大眾交通工具上，就像我們祖先在有馬達車輛出現之前所建構的城市核心一樣。如果一座新城市是圍繞著個人動力車輛建構的，那麼就很難遏止這些車輛的成長。例如美國城市周遭需要仰賴車輛的郊區，就是最佳的例子。在這些地方，由於房屋的密度不高，因此很難聚集足夠的人口搭乘大眾運輸工具能，因此無法營運下去，許多商店與學校也離許多人的住家太遠，無法使用步行或是騎乘自行車的方式前往。因此不良的城市設計會讓居民陷入必須倚賴車輛的生活型態。有些良好的例子，成功逆轉了越來越多人倚賴車輛的情形，包含許多丹麥與荷蘭的城鎮，他們把充滿汽車的街道與市中心變成採用徒步、自行車、大眾運輸工具的地區。

在一九四九至二〇一二年間，英國大規模地投入資金在道路以及陸上交通工具當中，造成了大家行駛的旅程增加十倍。這種情形造成許多缺點。英國皇家環境汙染委員（Royal Commission on Environmental Pollution）會指出了環境與社會問題的網絡，包含了空氣汙染，那些沒有車輛的人出現都市隔離的情形，步行的次數減少，以及當地商家關門。每年步行的總距離在一九九五至二〇一三年間減少了百分之三十，英國與威爾斯在二〇一二年間騎單車的距離僅有一九五二年的百分之二十。很重要的一點，是在二〇一三年時，英國百分之六十的車程的低於五英哩，當中有百分之四十少於兩英哩[34]。因此這些旅程都非常有可能轉換為步行、騎單車、搭乘大眾運輸工具[35]。

詹姆士·加瑞特（James Jarrett）、詹姆士·伍德考克（James Woodcock）與同事在《刺胳針》期刊上發表的文章，指出主動行進（active travel）會減少英國國民健保署的支出[36]。

---

* 儘管使用電動車當中使用再生煞車系統，能夠幫電池充電，並減少摩擦式煞車的用量。

他們想像了一個稍微不同的世界。他們評估如果英國平均每個人每天開車的距離是十公里，就像在二〇一一年時一樣，而非十四公里的話，那麼會發生什麼事。這種改變只不過是每天減少四公里，或是二點五英哩。他們研究如果大家在這四公里不開車，而是改用步行或是騎單車的方式會如何。這等於步行四十五分鐘，或是騎單車十五分鐘。這種微小的改變，在而十年間能夠讓國民健保署省下一百七十億英鎊，甚至在人口老化之後省下更多錢。由於慢性疾病對大家的健康造成深遠的影響，因此這麼做為生活品質帶來的好處可說相當龐大。

主動行進的另一項好處，從巴賽隆那的自行車出租計畫可見一斑。這個計畫始於二〇〇七年，到了二〇〇九年時，每天出租自行車Bicing騎乘的趟次高達四萬次。我們知道自行車騎士在踩踏板時，呼吸會較為用力，因此吸入的汙染空氣會比坐在車子裡時多，出現意外的風險也會變高。那麼，Bicing這個計畫的壞處多過好處嗎？幸好巴賽隆納是全球健康研究中心的所在地，現在座落於巴賽隆納海邊的一棟現代建築物當中，讓辦公者能夠享受的窗外封景，或許是全世界科學家當中僅有的。奧黛莉・德・納澤（Audrey de Nazelle）、馬克・紐溫惠森（Mark Nieuwenhuijsen）與他們的團隊評估了這個計畫的優缺點[37]。答案非常清楚。那些騎乘腳踏車的人，在健康方面獲得的好處是缺點的七十七倍；意外以及空氣汙染帶來的風險相較於獲得的好處，可說是微乎其微。不是只有利用腳踏車的人能夠獲得好處。城市當中的其他人也因為道路的噪音、空氣汙染、溫室氣體排放減少而獲益良多。

另外也有其他計畫試圖把從開車改為騎自行車帶來的好處轉換經濟價值。如果每個歐洲人都把車停在家裡，平均騎五公里（約二十分鐘）的自行車去工作而不開車，那麼一整年下來，就能讓社會減少一千三百歐元的支出。這點帶來的好處，遠超過自行車騎士吸入汙染空氣以及發生意外的危險（每年二十歐元）。和改騎自行車者處於同一個城鎮的人，也因為空氣汙染的減少而增加三十歐元的收入[38]。不開車改騎自行車上班或從事休閒活動的優缺點，端賴每個人所居住的地區而定，包含空氣汙染的程度，以及自行車的基礎設施，但是在全球百分之九十八的城市當中，運動帶來的好處，都遠大於空氣汙染造成的風險[39]。

這點理論上看來相當不錯，但實際上要改成騎單車，卻很難做到。倫敦的出租自行車計畫始於二〇一〇年，結果證實相都當成功。倫敦市中心各處都有自行車出租站。這些自行車不像艾非爾鐵塔的碳纖自行車那麼先進，不過卻非常實用。這些自行車有完整的燈具，前方也有實用的置物架可以放包包。只要付兩英鎊的價格，你就可以整天在不同的租借點之間騎車。倫敦人相當喜歡這種自行車，用當時啟用自行車計畫的倫敦市長鮑里斯·強森（Boris

Johnson）的名稱替自行車取了暱稱，叫做「飽里斯單車」*。這個計畫其實是由強森之前的市長肯・李文斯頓（Ken Livingstone）發想的，並且有人建議將單車稱為肯單車，或是用薩迪克・汗市長來命名，稱為薩迪克單車。贊助者巴克利與桑坦德兩間銀行的名字，似乎遭到了遺忘。

有份研究報告在二〇一一年四月與二〇一二年三月之間，評估了自行車計畫對健康造成的影響。在這段期間當中，共有五十七萬八千六百〇七人騎乘自行車，騎乘趟次高達七百萬次，騎乘時數則高達兩百萬小時。只有百分之六的乘客是不開車改騎自行車的。大部分騎乘的人，則是用騎乘自行車來取代大眾運輸工具、步行，或是騎乘私人自行車。由於步行已經是一種主動行進的方式，搭乘大眾交通工具已經含有部分的步行，因此騎乘出租腳踏車帶來的效益可能不如巴賽隆納研究來得大。德・納澤與紐溫惠森推測，在倫敦由開車改騎自行車的比例應為百分之九十而非僅有百分之六。然而，因為騎單車運動獲得的效益，仍然對大眾健康有益†，並且紓緩了過度擁擠的大眾運輸工具[40]。

但很可惜的是，所有減少開車的概念僅是紙上談兵而已。兩千年的燃料抗議事件改變了英國有關未來道路運輸的爭論。這次的事件始於一群北威爾斯的農夫以及拖車司機包圍了鄰近的斯丹洛煉油廠，抗議道路交通工具的燃料費用過高。這次行動的後續造成了全國大停擺。抗議者蔓延到其他的零售中心，引發大眾恐慌而搶購。在短短四天當中，英國百分之九十的加油站中，油品都銷售一空，路面也空空蕩蕩的。我還記得自己住的地方多　平靜與安靜，沒有目前喧騰的背景道路雜音。在那週裡，我在街上遇到許多鄰居，一起走路去商店，展現了離開車輛帶來的社交益處。在牛奶與麵包開始短缺之後，政府啟動了緊急機制，但抗議的情形就像開始一樣簡單就結束了。發起人宣布他們以及達到了目的[‡]。他們確實達到了，在將近二十年後的今天，看起來還是相當合理。對於未來道路的理性討論，就變成了英國全國的行人徒步區政策。

即使是二〇一四年在學校與住宅居附近實施速限以減少空氣汙染的提案，也使得許多車主大為火光，他們認為這是擴大實施速限的開始，侵害了原本的駕駛權利。那些感到恐懼的部長極力否認即將實施全面的速限，因此放棄了那項計畫，等於公開聲明駕駛人的權利勝過

* 鮑里斯在第一任國會議員的任期當中，固定騎自行車上班。我在英國國會大廈附近騎單車時，經常會看到他騎單車經過。

† 死傷的數量比預期低了許多，儘管自行車的設計相當沈重，偶爾騎乘者眾多，但死傷人數也比倫敦的自行車騎士低了許多。

‡ 抗議的簡要過程請見 http://news.bbbc.co.uk/1/hi/uk/924574.stm。

學童呼吸健康空氣的權利。有一個駕駛人組織「英國皇家汽車俱樂部」（RAC）表示「把速限六十英里的規定擴大到M1與M3公路上，只是事件的開端而已」。另一個汽車組織「英國汽車協會」（AA）表示放棄這個計畫可說是「常識大獲全勝」[42]。即使是成功的案例也遭到了抨擊。英國布萊頓與霍夫市的停車限制、優化的公車道與共乘計畫，在十年間讓大家擁有的車輛數減少了百分之六，反觀全國的平均值則是增加了百分之九。英國汽車協會將這件事稱為「不光彩」的事，他們宣稱這麼做是打擊窮人，意味著他們無法「享受前往商店、找工作、脫離城市限制的行動自由[43]」。但實際上的情形，則是最窮的人往往住在汙染最嚴重的路邊，因此車輛減少之後，獲益最多的反而是他們。

儘管這些原本只是說說而已，但趨勢已在悄悄地轉變當中。在英國的許多城市裡，車輛已經開始在減少了。倫敦車輛數量的高峰在一九九二年。尖峰時刻進入伯明罕的高峰落在一九九〇年代中期，曼徹斯特的則落在二〇〇六年[44]。這種現象不僅出現在英國而已。交通與人口及經濟發展不同步的情形，在已發展國家當中相當普遍。觀察者替這種現象量身打造了一個詞彙「汽車數量高峰」（peak car），用來描述車輛的使用量達到了最高值，目前則正在減少當中。許多人提出了有關這個現象的解釋。有個理論說明我們道路上的車輛就是達到飽和了。其他理論則指出了較廣的理由：有更多人生活在城市當中，更多新房子出現在棕色地帶，出現更良好的步行、自行車、大眾運輸工具設施，油價高漲，以及遠距溝通時代的來臨。始於二〇〇八年的經濟危機也可能是另一個限制汽車數量的因素，但是「車輛高峰」出現的時間卻早於這個時候。

使用車輛的改變情形，在各地不盡相同；汽車數量的減少主要出現在城市的市中心，而非郊區與鄉下。出現「汽車數量高峰」的主要原因，是因為年輕人延遲或是盡量避免使用汽車作為交通工具。相較於之前的世代，他們比較不在乎擁有汽車的重要性，但是這種情形會持續下去嗎？處在汽車數量高峰時期的年輕人，他們會不買車，或只是晚一點買車，等到成家之後再買車呢？二〇一六年時，英國車輛的總數增加了[45]，但有些證據顯示大家長期的態度已有所改變，有越來越多三十幾歲的人說他們不想買車[46]。就讓我們靜觀其變。

然而，這種情形讓使用汽車的爭論有所改變。爭論的點不再是減少車輛數會被視為反對車輛與反個人機動性的戰爭，而是我們必須跟著潮流走。我們可以把重點放在那些避免使用車輛以及想要有所改變的人，藉此讓不開車的生活型態變成常態，而非繼續和那些根深蒂固以汽車為中心的人爭論，他們根本不願意改變。

當然，個人的機動性能夠帶來許多好處，包含貿易、經濟成長、工作、觀光、教育及文化交流等。但是我們必須小心的是，要將機動性與道路運輸兩點分開。我們城鎮當中的街道與相互連結的道路不可能都沒有車輛，也不該空空如也。我年邁的父母如果沒有道路運輸工具，將很難過著獨立的生活。但顯然我們許多人仍然受困於機動性的模式當中，讓我們的生活毫無樂趣可言。我們每天必須開車去上班，去購物，去鎮上辦事，或是載小孩去上學，並不會讓我們的生活變豐富。這種每天開車的情形相當無聊而沈悶，和汽車廣告當中那種在開闊道路上駕駛的形象相去甚遠。這些才是我們必須設法從城鎮與生活當中排除的汽車旅程。

在防治空氣汙染的地區，沒有什麼比減少道路交通量更能夠對大眾帶來直接的好處。減少車輛的使用，並且增加主動行進的方式，不只能夠改變使用道路的方式。藉由鼓勵與強化這股風潮，而非從頭發起這股風潮，我們就有機會逆轉城市當中以車輛為主的模式，並且增加不需要機動車輛就能夠到達的生活空間。這點和規劃道路時以自我為中心的「預測與供給」方式有著天壤之別，那種方式的核心是預測陸上交通工具會增加，接著鋪設更多道路，結果卻誘使更多車輛使用道路。

倫敦市長已經敞開心胸接受了有關街道的新觀點。這點可見於重新將街道設計為迷人的公共空間，而非只是汽車與貨車使用的道路。在這種觀念之下重新規畫的道路、廣場、路口，就成為社區的焦點，成為了大家願意漫步、騎單車或者就是坐在樹下的長凳上和朋友閒聊的地方，也是生意興隆之處。這麼做並不是要排除車輛，只是透過重新設計人行道以及降低速限，以達到減少噪音以及空氣汙染的目的[47]。

對開發中國家而言，從中習得的經驗就是顯然應該打從一開始就要將城市打造為適合居住的空間。這點對許多城市來說，都是相當大的挑戰，尤其是那些有數百萬人居住在大量貧民窟裡的城市，例如克拉嗤、開普敦、奈洛比、里歐熱內盧等等。但他們卻別無選擇。

第十三章　淨化空氣

我們從六十年來的空氣汙染管理當中學到了什麼？哪些解決方法可行，哪些不可行？當中出現過一些大為成功的案例。倫敦不再籠罩於煤炭造成的冬季霧霾當中，以及終年揮之不去的薄霧裡。加州居民不用再忍受一九五〇以及六〇年代令人不斷流淚的空氣汙染當中。但在已開發國家當中，卻也出現了交通工具造成的新汙染問題。中國、印度、東亞各地的城市正在與前所未有的空氣汙染問題奮鬥。

假設有辦法能夠立刻淨化空氣，那是多麼吸引人的一件事；要是在我們居住的地方，能夠有辦法過濾或是排除汙染，那是多麼棒的事。許多人提出了各種不同的淨化方式。在某些方面而言，淨化空氣就像是要把拿鐵當中的牛奶濾掉一樣，只要加進咖啡裡，就很難分離出來。主要的困難點在於空氣量。我們住在空氣海的底部，而排出空氣汙染物質的地點主要都相當接近地面，會在大氣底層的一兩公里處擴散。因此，要淨化的空氣就有好幾立方公里。空氣移動速度也很快。我們今天呼吸的空氣，和昨天在城鎮裡的空氣不盡相同。要處理的空氣實在多到無法應付。

各地仍有許多人無視實用性，提出了許多淨化空氣的方式，例如在熱門的血拼商圈街道上，或是學校附近學生會接觸的地點。植物被視為許多都會問題的解方，能夠減緩與適應氣候變遷，減少空氣汙染與噪音，也能夠讓城市變得更吸引人。一六六一年時，約翰．伊夫林（John Evelyn）就主張在倫敦各地種植矮樹與香花來改善空氣品質[1]。倫敦與巴黎市中心最廣為人知的一點，就是街道與公園裡到處都是十八及十九世紀種植的英國梧桐（*Platanus x acerifolia*或Platanus x hispanica）*，紐約公園部（New York Parks Department）也採用英國梧桐葉作為其部徽。這種樹會脫皮，葉片相當光滑，因此能夠對抗空氣汙染，不會被煤灰染黑。因此在汙染嚴重的城市當中，這種樹仍然能夠存活下來，看起來也很迷人，但真的有助於改善城市當中的空氣品質嗎？

二〇一五年時，紐約市慶祝在短短八年內就種植了一百萬棵樹，墨爾本則計畫在二〇四〇年之前，讓樹木的覆蓋率加倍。樹葉佔了樹木當中的一大部分，因此表面積是遮覆面積的好幾倍。種植樹木能夠增加汙染空氣停留的表面積，但要達到明顯的效果，則需要許多樹木。通常都市的植被能夠減少空氣汙染的比例不到百分之五[2]。科學家努力想要得知如果大規模種植樹木會有什麼結果。在所有的戶外綠色空間都種上成樹（所有的公園、遊樂場，以及每個人的花園裡）。顯然要在城市當中種植這麼多樹並不可行，但即便如此，也只能減少約百分之七到十的顆粒濃度[3]。實驗結果顯示，路邊的樹籬與綠籬就能夠減少正後方的粒子濃度，但儘管在繁忙的道路旁與兒童遊樂區與學校間種植了所謂的綠籬，仍沒有足夠的證據顯示這個效果能夠擴及樹籬後方的一段距離，並且帶來幫助。

如果我們不夠謹慎，那麼樹木本身與種植樹木很可能讓空氣汙染的問題更加惡化。種植樹木能夠讓街道擋風，減少車輛廢氣的擴散，並且讓樹下的行人與駕駛人能夠吸到更多氧氣。樹木也能夠產生揮發性的有機化合物。松樹與尤加利樹可能具有愉快的特殊氣味，但是這些樹釋出的化學物質也會產生臭氧以及顆粒物汙染。其他的樹種與植物也可能釋出這些物質。柏林有分研究報告顯示，植物可能讓城市當中的臭氧增加百分之五到十。在熱浪以及乾旱出現時，樹木產生更多釋出臭氧的化學物質，會讓情形變得更為嚴重[4]。是的，我們應該要增加城市中綠地的理由有很多，增加美麗的戶外地點讓市民能夠野餐、遊憩、散步、騎單

* 請參閱羅賓·赫爾（Robin Hull）的倫敦梧桐簡介：http://treetree.co.uk/treetree_downloads/The_London_Plane.pdf。

車，但如果我們要靠種樹淨化空氣，可說是自欺欺人的行為。

霧霾塔（smog tower）無疑地是目前為了淨化空氣最吸睛的嘗試了，例如荷蘭鹿特丹七公尺的高塔，或是中國西安一百公尺的高塔。在中國的高塔裡，空氣會由底部進入溫室當中，透過太陽能加熱後上升並且穿過過濾器。設計者宣稱有效範圍廣達三百平方公里，但這個說法是根據物理學而來。這座塔宣稱每天能夠濾淨一千萬立方公尺的空氣，聽起來彷彿很多，但實際上在這個小城空氣當中所佔的比例，卻不到百分之零點零一[5]。

或許最常見的淨化空氣方式，非光觸媒漆與塗料莫屬。在實驗室當中，這種塗層經過人造光的照射，能夠移除氧化氮，以及其他一些造成汙染的氣體。歐洲的許多城市都在努力減少柴油廢氣釋出的二氧化氮，只要用光觸媒塗料粉刷牆面以及建物表面，聽起來是相當吸引人的解決方式，也不需要花大錢讓數百萬的車輛升級，或是鼓起政治上的勇氣來處理交通問題。後續研究的結果發現，漆上這種塗料的牆面與鋪設含有這種塗層的石板，達到的效果不一而足。然而，無論有這些化學塗層的區域效果如何，這一切都是基於物理學而來。我們的城市當中，遭受汙染的空氣相當多，接觸到地面或這些表面的時間卻很短暫。英國政府的空氣品質專家小組使用了一個模型來測試如果把光觸媒漆塗佈在倫敦的每個表面，會有什麼結果[6]。即便姑且不論冬天太陽角度低造成的陰影問題，能夠對二氧化氮造成的改變不到百分之一，同時必定會有副產品釋出。這些表面也經常需要重新粉刷。努力清理已經汙染的戶外空氣，並不能解決我們目前的問題。

但避免空氣汙染則可以。只要走在靜謐的道路上，或是穿過公園，就能夠讓你接觸到的車輛汙染物減少一半以上。然而，現代的空氣汙染大部分都是無形的，所以你很難得知要選擇哪一條路走。我們能夠跟著自己的鼻子走，但要走在繁忙且開闊的道路上，還是走在高樓林立的壅塞窄街裡？巴黎、溫哥華、倫敦已經有高解析度的手機地圖供人參考，但如果整個城市或是地區都受到顆粒物汙染或是臭氧的包圍，那麼仍然無法避免這些汙染物。待在室內能夠減少接觸到戶外汙染空氣的機會，尤其是在有空氣濾淨設備的現代大樓裡工作或生活時更是如此。但這點卻不一定適用在汽車駕駛人上。在這種情形下，接觸到的廢氣多寡取決於前方的車輛，駕駛人吸入的汙染空氣往往比行人多。我們經常欺騙自己，認為自己能夠躲在車子裡相安無事，但躲在車子裡，只會讓汙染問題變得更糟糕而已。

許多城市目前都提供了空氣品質指標的資訊供市民參考。這個指標會告訴居民空氣品質有多良好或是多　不良。這種指標，也讓北京的空氣汙染問題躍居全球新聞的頭條。大部分的指標也會提出因應的健康建議，通常在空氣品質不良時，會告訴老人與小孩這些體弱者避免從事戶外活動。空氣汙染的問題在一天當中會有所變化，所以夏天時學校會把下午的運動時間改到中午以前，這或許有助於降低接觸到汙染空氣的機率。然而，卻沒有證據顯示大部分的人會留意這些警告，並且改變自己從事的活動[7]。這點不難明白。只叫那些最容易受到汙染空氣影響的人改變生活方式公平嗎？為什麼那些生活已經受到汙染空氣影響的人，還要進一步退讓呢？這點在道德上實在說不過去。應該負起責任的，是那些製造汙染的人，他們才應該改變自己的行為，而不是由受害者改變。

如果我們每個人都能夠測量自身週遭的空氣汙染，或許我們就會更注意這個問題，但要能夠用可靠的方式測量空氣汙染，總是需要透過高科技的科學程序進行。發明小型裝置讓我們能夠測量周遭的汙染程度，是件令人感到相當興奮的事。這就表示我們能夠避開汙染的地方，改變我們會造成汙染的行為，並且對我們的領導人施加壓力，以想出對應之道。現在，在網路上就能以不到一百歐元或美元的價格，買到這樣的偵測器。只要上網付款，偵測器就能寄到你家。大家在室內以及花園偵測的結果，也紛紛開始公佈在網路上。

這些偵測器的問世，並非新科學發現的成果，而是電腦技術進步，以及二十世紀晚期科技共同達成的結果，但很可惜成果不如預期。許多偵測器使用的技術或許作為工廠或實驗室當中的警報器相當有效，但要在我們戶外呼吸的空氣當中偵測空氣汙染，則有相當的難度。

那些設計來偵測單一汙染源的儀器，在遇到戶外許多微量汙染源時，表現總是相當不理想。這些儀器很可能從室內到戶外時，因為每天天氣不同，溫度與濕度迅速改變而受到干擾。不精確的程度可能很嚴重。艾力・劉易士（Ally Lewis）、彼特・愛德華茲（Pete Edwards）與他們在約克大學的團隊，針對這些偵測器進行了出色的獨立研究。[8] 他們購買了一些偵測器，並且把偵測器放在實驗室裡，以及位於校園邊緣的研究室建築物樓頂。他們把市面上買到的同樣偵測器在開箱之後，直接放在兩個不同的地點。有些偵測器測得的臭氧量，是其他的六倍。有些則是在濕度改變時，測得的濃度會加倍（或是減半），有些一氧化碳偵測器的數據在一個月當中約有百分之三十的偏差。他們也發現車輛排出的二氧化碳，會擾亂二氧化氮的數據。這點相當令人擔心，而且也有誤導使用者的風險，可能會帶來虛驚一場，或是讓人誤以為沒問題。目前仍不知道當下的世代是否有越來越多人使用小型偵測器來了解空氣汙染的程度，或是因此獲得許多不盡可信的資訊。

東亞地區的街道汙染照片中，經常會看到戴著口罩的行人。北京的一些實驗顯示，如果你有心臟問題，那麼戴口罩有助於減緩症狀，但重點是口罩必須貼合口鼻。即使是因為鬍渣、皺紋、鬍子造成空隙，都有可能讓口罩失效。但較少人探究的問題，則是戴著口罩導致必須更用力呼吸，會帶來甚麼負面影響，這種情形很可能讓功能已經不良的心臟與肺臟負擔更重。目前沒有任何證據顯示應該如何平衡正面與負面的效應，當然也沒提到該如何在避免從事戶外運動，以及運動帶來的好處間達到平衡[9]。

所以，如果我們無法淨化汙染的空氣，也很難輕易避免與這些空氣接觸，那麼我們根本就不該汙染空氣。業界通常非常反對新規定與標準，所以其中一種解決方式，就是實施國際間的最低環保標準，例如歐盟通用的汙染控制指引。雖然這些規定經常被視為繁文縟節，但這也表示業者無法藉由轉移到其他國家來削價競爭，讓汙染的代價影響到全國或是更大範圍的社會。

相較於處理世界各地十三億台車輛造成的汙染，減少工業造成的空氣汙染可說是小巫見大巫*，但至少這些多少都登記在案，在製造時以及每十年左右換牌時，都必須符合最低的標準。正如我們在第十一章當中所見，更為嚴重的問題是控制世界各地家庭烹飪與取暖造成的空氣汙染。

其中一種迅速的解決方式，是改善使用的燃料品質。在本書之前的章節當中，已經列出了好幾個例子，包含使用無煙的燃料與天然氣來解決英國城市裡的煤煙問題；將歐洲陸上交通工具使用的燃料去除含硫的成分，這麼做讓都是空氣當中的顆粒物數量大幅減少[10]；當然，還有去除時汽油當中添加的鉛。或許使用無煙燃料最成功的故事，不是在倫敦，而是在都柏林。一九八二年時，在都柏林聖詹姆士醫院工作的盧克．克蘭西（Luke Clancy）醫師面臨了嚴重的危機[11]。相較於之前幾年，當年一月死亡的住院患者多了五十四位。克蘭西必須迅速找出原因。儘管進行了多方面的調查，依舊找不出造成死亡的細菌或病毒。克蘭西覺得相當困惑，直到他抬頭望向窗外，看見城市裡家家戶戶煙囪升起的煙霧才恍然大悟。

由於油價上升，以及政府的補助，因此一九七零年代時，都柏林燒煤的人口增加了。克蘭西聯絡了市議會，取得空氣汙染的資料。如同一九五二年倫敦出現的霧霾一樣，煙霧與二氧化硫的高峰正好與死亡率增加吻合。很難得知有多少人的死因是燃燒煤炭造成的，但顯然那是嚴重的問題，並且必須儘速採取相關行動。市議會並沒有遵照英國的方式，宣布煙霧管制區以及升級居家火爐與爐具，而是直接禁止冒煙煤礦（煙煤）的銷售、行銷、鋪貨。這麼做讓大家必須改燒無煙煤，或是其他燃料。這點立刻奏效，成效斐然[12]。相較於禁令實施之前的時期，冬季的黑煙立刻降低了百分之七十；呼吸道問題致死的比例降低了百分之十六，心血管疾病的致死率也降低了百分之十，等於每年的死亡人數減少了三百六十人。在城市當

---

* 二〇一五年的資料。各國的統計資料詳見：http://www.oica.net/category/vehicles-in-use/。

中有天然氣可用時，許多人都放棄了固體燃料，改用這種燃料加熱。在都柏林的實驗之後，煙煤的禁令襲捲了其他十一個愛爾蘭的城市，讓黑煙減少的比例在百分之四十五到七十六之間。

正如哈佛大學的《六座城市研究》一樣，最初的資料全都被後來的科學家團隊拿來重新分析[13]。他們並沒有檢視禁令實施前與實施後的健康資料，而是比較了剛實施煤礦禁令的城鎮以及未實施禁令的城鎮，再加入了之後七年的資料，以及更多城市作為比較的對象，重新分析的結果與克蘭西的研究有所出入。心因性死亡的人數在各地都減少了，不是只有實施禁令的地區才出現這種改變。這點最可能的原因，是一九九〇年代由於愛爾蘭的經濟起飛，因此在經濟、社會、醫療照護方面都有了大幅改善。然而，都柏林、科克以及其他四個城市當中，呼吸道疾病致死的人數下降，顯然與禁令有關。能夠測量城市近乎立刻改變的情形，並且對健康造成正面影響，在全球各地來說是相當罕見的案例。

最後一種，也是最常被忽略的汙染源，是農業造成的汙染，更廣義地來說，是我們管理土地的方式。我們許多人都會離開都市去鄉下喘口氣，也認為那邊的環境比較沒有受到汙染，但農耕其實是空氣顆粒物汙染的重要來源（請見第六章）。農作物施肥時釋放出大量的氨氣，潑灑儲存了一個冬季的糞肥，以及在夏季讓動物外出吃草，都是造成顆粒物汙染的重要原因，在每年夏天時造成了全歐洲的困擾。這點在開發中國家也逐漸成為了重要的問題，在東亞更是如此，有著控管不良的新興工業，再加上為了增加產量釋出的農業氨氣。在美國，控制耕種時釋出的氨氣，是降低地方顆粒物汙染方式當中，投資報酬率最高的一種。在農耕時，減少百分之五十的氨氣汙染，就能讓每年全球因為顆粒物汙染死亡的人數減少二十五萬人，包含北美洲的一萬六千人，歐洲的五萬兩千人，以及亞洲的十萬五千人[14]。

我們無法阻止農耕的進行。我們需要攝取食物，但只要採取簡單的措施，例如在蓄糞區加蓋，改善動物居住的房舍，以及將肥料注入泥土當中，而不要在空中噴灑，都能夠有效達到這些目標。農業在空氣汙染當中扮演的角色相當清楚，但農夫卻不明白這點。政府花了幾十年時間研擬許多方案來控管運輸與工業造成的空氣汙染，卻也不明白這點。這表示歐洲在二〇二〇至三〇年間，氨氣的減少目標只有百分之六。相較之下，硫化物的排放則預計降低百分之六十，空氣汙染粒子降低的目標則將近百分之五十[15]。

農耕帶來的空氣汙染物質，不只有氨氣而已。在世界上的許多地區，都會先放火燒田除去殘株、雜草、廢棄物之後再進行播種。雖然對農夫來說，放火燒田能夠快速清理田地，但卻相當不永續。這麼做會產生大量的顆粒物汙染，也會讓土壤的肥沃度降低。德里地區在二

○一六以及一七年間被霧霾環繞的主因，就是農業方面的焚燒。傳統上，每年會在九月底與十月時焚燒稻草。在二○○九年時，實施新法延後稻米種植的時間以利改善土質，也改變了燒稻草的時間，讓季風把汙染物帶到德里地區[16]。連續的焚燒也會讓土壤的肥沃度降低，讓農夫必須仰賴昂貴的化學肥料。

我們在新聞裡經常會看到大範圍的火災以及森林大火。這些失火的地點相當接近已開發國家當中的聚落，主要都在北美洲以及澳洲。雪梨的四百萬居民已逐漸習慣城市西邊藍山地區計畫性焚燒帶來的煙霧。這種情形造成越來越多人因為呼吸困難到醫院接受治療，氣喘的患者尤其嚴重[17]。歐洲也有森林大火的問題。西班牙與葡萄牙的大火，在二○○三年熱浪來襲時讓歐洲的空氣汙染加劇，也造成了二○一七年的「紅太陽」事件，當時大氣上層的煙霧形成了紅色的薄霧，遮住了太陽，濃密的褐色雲朵也讓英格蘭中部與南部陷入一片褐色當中[18]。街燈自動亮起，汽車必須點亮頭燈，室內也必須開燈。社群媒體與新聞記者把這種效果比擬為《銀翼殺手》當中的場景，不過這種情形證明了野火造成的空氣汙染擴散的範圍有多遠。

這並非唯一的例子。俄羅斯在二○○二年與二○○六年的農業焚燒與森林大火，同樣也造成了歐洲各地的空氣汙染問題，範圍甚至遠及英國西部[19]。全球各地因為這類大火造成的空氣汙染，估計每年約造成三十三萬人早逝[20]。約有半數的這類火災發生在撒哈拉沙漠以南的非洲，約有三分之一發生在東南亞，主要以印尼的泥炭地為大宗。我們很少在新聞當中看到這些報導。把這種大火視為自然現象，其實是大錯特錯。雖然某些非洲大草原的大火是自然循環的一部分，但在全球其他地區的野火則完全不是這麼一回事。這些經常發生在有人管理的地點，與農業或清理農作物有關。馬來西亞泥炭地的大火與南美洲的森林火災，很少不是人為因素介入造成的。在最糟糕的聖嬰年當中，印尼的大火會讓全球早逝的人數增加到超過五十萬人。南美洲清地與火災造成的顆粒物汙染，每年約會讓早逝的人數增加一萬人。

所以對抗空氣汙染的成功，主要來自燃料的改善，或是控制汙染的技術出現，而不是淨化空氣的大量努力。需要是發明之母。每週我都收到許多發明者的郵件，他們發明了許多淨化城市空氣的方式來賺錢。這些包含了在空氣汙染地區吸入空氣的管線網路，以及在長凳以及牆面上設置綠色植物裝置。每年許多噸的汙染空氣，無視於小型的綠色植物裝置能吸收多少，實在是有悖物理原則。某些解決方式當中饒富創意以及顯眼的裝置確實值得喝采，也遠勝過藏在公車引擎室小盒子裡的無趣淨化技術。但嘗試淨化空氣的計畫，也很可能會分散控制汙染源的資源。這些方式在政治上相當受歡迎。例如綠牆就是把錢花在控制汙染的顯眼證據，但用「淨化倫敦空氣運動」賽門．博齊克（Simon Birkett）的話來說，把重點放在成效不彰的小型解決方案上，會讓我們變成「白忙一場」的傻子，讓一切徒勞無功。

我們也必須記得造成空氣汙染的原因，不是只有交通工具，或是燃燒固體的燃料，另外還有包含農業在內的其他許多原因，也有待我們解決。這些很可能會是場硬仗，原因很簡單，例如焚燒木柴，大家都認為農耕只不過在管理天然資源而已。很少有人知道這種做法所造成的空氣汙染，和街上車輛產生的汙染一樣危險。

第四部

反擊：我們空氣的未來

第十四章 結論：接下來會如何？

我們站在巨大變遷的浪尖。據估計，全世界的基礎建設約會在十五年當中翻倍成長，住在城鎮裡的人口則會在未來四十年裡翻倍[1]。這些新增加的二十萬都市居民，需要棲身之所，新的服務，以及在城市當中移動的方式[2]。全球超過百分之八十的國內生產毛額都產生於都市當中，在管理良好的情況下，都市化也能夠帶來永續的成長。在此同時，我們也必須減少空氣汙染對健康造成的負擔。沒有任何國家是沒有任何汙染的，也很少有城市符合世界衛生組織的標準。現在我們在二十一世紀之初所做的決定，會決定下一個世代的日常生活。

如果倫敦的自來水每年會造成九千四百人喪生，那麼一定會出現嚴重的抗議，國際企業也會另覓他址，觀光客也不會再來造訪。英國的名聲將會一蹶不振，倫敦也不再躋身世界領先的城市之列。自來水公司的會議室當中，一定有人會遭到嚴懲，部會首長如果放任這種情形繼續下去，也會斷送政治生涯。那麼，我們為何對空氣汙染造成的後果有差別待遇？在倫敦，每年因為空氣汙染而早逝的人，最多高達九千四百人[3]，這個問題也被列為公共衛生危機。空氣汙染對健康有害的科學證據比比皆是，但科學家卻不是負責擬定政策的人。政治領袖應該下定決心採取行動，在目標與需求之間取得平衡。

儘管這項挑戰影響相當廣，但空氣汙染在政見辯論會當中多半付之闕如。減少空氣汙染的負擔，替孩子創造健康的環境，通常不是選舉政見當中的內容，政治人物規劃未來藍圖時，也很少提到這個問題。

執得一提的是，威力．布蘭特（Willy Brandt）是罕見的例外，他在一九六一年四月時參選德國總理。當時他已經是西柏林的市長，選況十分激烈，基督教民主聯盟用他私生子的身份以及戰時移民兩點猛烈抨擊他*。他在波恩貝多芬廳的競選活動中演講時，大膽地提出他對環境的新願景，要求「魯爾地區的天空再度變藍」。

要讓重度工業化的魯爾地區空氣變乾淨，被認為是不可能的任務。區每年有超過三十萬公噸的煤灰以及灰塵落在地面上。在霧霾出現的期間當中，空氣中顆粒物汙染的情形比二十一世紀初北京的情形[4]還嚴重，汙染的空氣對大眾與環境造成顯著的影響。每次發生霧霾之後，死亡率都會攀升，也有許多兒童罹患支氣管炎、軟骨病、結膜炎。他們的體重往往也比德國其他地區的兒童來得輕。當地飼養的牛隻體重也同樣較輕。

造成空氣汙染的主因，是由於八十二座高爐、五十六座煉鋼爐、九十三座發電廠運作時幾乎完全沒採取汙染防治措施。工人必須定期移除工廠屋頂厚厚的灰塵，雪上加霜的是，家家戶戶燃燒煤炭讓汙染的問題更為嚴重。二〇一五年時，學者安娜．麗莎．阿勒斯（Anna Lisa Ahlers）提到父親在魯爾區成長的回憶：

> 「我在戶外玩耍之後回到家，全身上下都是灰塵和煤灰。我和同學在童年時期都有慢性支氣管炎。還有要晾乾（衣服）也是個頭痛的問題：你如果把衣服放在戶外，你知道的，上面總是灰灰的甚至是黑黑的一層[5]。」

空氣汙染似乎是工業化無可避免的結果，也相當難以改變。威力．布蘭特因此遭諷為「藍天」理想主義者。然而，他的演講卻引發許多人的共鳴。布蘭特突然把之前遭到忽略的

---

* 布蘭特這次選舉遭到對手擊敗，不過後來在一九六九年時成為德國總理。他的訃聞請見：http://www.independent.co.uk/news/people/obituary-willy-brandt-1556598.html

地方議題帶進了主流的辯論當中，讓大家注意到為了德國經濟奇蹟付出的健康代價。在接下來的幾年當中，德國的立法者成為了業界的既得利益者，並且大獲全勝。新的法律、重要的新態度於焉誕生，布蘭特現在被尊稱為德國環保運動的播種者[6]。

利用空氣作為排除廢棄物的方式，意味著魯爾工業的大幅成長，讓居民的健康付出龐大的代價。在都會空氣汙染史上，這向來都是個威脅，從倫敦中世紀燃燒煤炭開始，到工業革命以及城市革命，再到最近大幅成長的機動車輛。中國工業的成長以及造成的空氣汙染問題，讓這種大家熟悉的歷史再度重演。要管理空氣汙染對健康以及環境造成的影響，我們就必須打破這個循環。

川普政府把目標放在「美國第一」上，歐洲也懷疑自身認同之際，似乎在接下來幾十年當中，世界的發展會由中國主導，也很可能會遵循習近平的一帶一路政策。這可說是人類史上最具野心的基礎建設與發展計畫。這個計畫涵蓋了七十五個國家，以及全世界百分之六十五的人口，想要打造陸地與海上的路線，以及能源基礎建設，從中國橫跨亞洲到南歐與東非，運輸全世界四分之一的貨物[7]。這是投資綠色產業以及低汙染發展的絕佳機會，但這也全都端賴政治上的優先次序而定。中國國內目前也正在改變當中。圍繞北京的霧霾也變得難以忍受，不只傷害了居民的健康，也傷害了中國的國際形象。目前已針對了家用暖氣與工業採取相關行動。世界衛生組織追蹤的中國六十二座空氣汙染城市當中，在二〇一三到二〇一六年間，平均已經減少了百分之三十。如果這些改變能夠持續發生，並且透過一帶一路向西延伸，那麼數十億人的生活品質與空氣汙染問題就能夠因此有所改變。如果沒有政治魄力，這種改變就不會發生，一切都取決於習近平對中國與南亞的願景。

如果要進一步淨化空氣，就需要各方面的領導力與遠見，不能只仰賴國家領導人，也必須有領導城市者的配合。薩迪克・汗（Sadiq Khan）在二〇一六年時成為倫敦市長，將減少空氣汙染列入優先待辦事項當中，並且用這個主題進行他的第一場政論演講，為市政府訂立了新方向。他在大奧蒙德街兒童醫院發表演說時，將現代遭遇到的挑戰比喻為六十年前導致「淨化空氣運動」時的情形：

> 當時的英國政治人物做出一項驚人之舉，回應的程度也達到應有的規模。今日我們的倫敦面臨了另一個汙染危及大眾健康的緊急情況，未來的世代也是……。*正如一九五〇年代一樣，今日倫敦的空氣汙染會造成倫敦人喪命。不過和過去霧霾汙染的不同之處，在於今日

---

* 我認為「大眾健康的緊急情況」一詞最早由賽門・博齊克在「倫敦乾淨空氣運動」當中提出。

的汙染是隱形殺手[8]。

兩年之後，電動計程車與公車在倫敦的街道當中穿梭，全世界第一個低排放區於焉誕生，都市當中的車輛低排放區限制緊縮，並且擬定了新計畫確保大型的新建設能夠降低倫敦的空氣汙染。

薩迪克·汗在大奧蒙德街的演說當中，強調了管理市內空氣汙染的重要性。市長以及其他城市的領導人必須將居民的健康納入考量，但管理都市空氣汙染的重要性還不止如此。工廠造成的空氣汙染不會只在工廠的圍牆之內。中國的巨型城市如北京、天津，以及巴基斯坦的克拉蚩，對城市周遭居民造成的傷害，多過城市當中的居民。至於其他較典型的巨型城市，顆粒物汙染對下風處居民的影響，仍高達市內居民的百分之四十。如果將下風處因為化學反應造成的影響納入考量，那對周遭區域的影響依舊相當大。

改善空氣品質也有利經濟發展。二〇一一年時，美國國家環境保護局檢視了一九九〇至二〇二〇年三十年間的《空氣淨化法》。六百五十億美元的投資，獲得了兩兆美元的收益。減少汙染帶來的效益，是投資金額的三十二倍。淨化空氣是「美國的良好投資[9]」。在歐洲，能源、工業、道路運輸工具的淨化投資，在二〇一〇年時約減少八萬人的早逝，約等於每年國內生產毛額的百分之一點四[10]。

解決空氣汙染問題似乎是一項艱鉅的任務。看來這個問題似乎過於龐大，任何一個人都無法做出明顯的改變，但我們得做的事，就是加入反擊的行列。空氣汙染來自我們生活的方式，不過只要簡單的改變，就能帶來明顯的不同。

最大的機會在於我們行進的方式。減少城市當中的車輛，會比只減少空氣汙染的效果好得多。正如我們之前在第十二章中討論過的一樣，英國百分之四十的汽車駕駛里程小於兩英哩，百分之六十的里程小於五英哩[11]。在這種短距通勤的情況下，把車留在家裡，改採步行、騎單車的方式，或是搭乘大眾運輸工具，就能夠讓我們的城市改觀。這樣就能夠處理空氣汙染、車輛噪音、溫室氣體排放的問題，以及對抗漸趨靜態生活帶來的疾病。我們或多或少都辦得到。在你踏出家門，跨進車子裡時，問問自己是否能改用步行的方式。走路帶女兒上學，跳到下一支路燈，計算我們所走的步數，都是我相當寶貴的回憶。這也替她奠定了良好的基礎，讓她長大之後能夠走路去學校、朋友家、社團、商店。

許多城市當中較短的路程，採用步行與騎單車的方式，很可能所花的時間比開車與停車來得少。如果你的城市是在百年前出現的，那麼原本的規劃就是要讓人步行的。多利用當地的商店，而不要開車到城外的超市，就能夠重振我們的市中心，減少社會的疏離感。許多人會說這點不可能做到，但證據顯示的情形正好相反。許多丹麥與荷蘭的城市，把市中心以車輛為主的規劃，改為友善行人的地方，在二〇一六年時，倫敦市交通尖峰時刻主要的交通工具已經變成了單車。如果傳統上較為保守的銀行家以及金融從業人員都能把黑禮帽換成自行車頭盔，那麼這點在你的家鄉也辦得到。我們也能夠把街道恢復成生活的地方，而非開車路過的地方。我們必須把這種無車或是少車情形變成新的常態。

有許多證據顯示增設更多道路並無法紓緩交通擁塞的情形，或是讓交通更為順暢。新的道路上會塞滿了新的車輛。但幸好反之亦成立：減少道路也能夠減少城市當中的車輛。請你想像一下，如果你家附近的道路變成了人們休憩的公園而非停車場的話，會是什麼情形。這是辦得到的事。南韓的首爾就是最佳的例子。在一九七三年至二〇〇三年間，有一條長達六公里的四線快速道路能夠讓車輛直通市中心[13]。每天使用道路的車輛高達十七萬輛，那條道路經常壅塞不堪。有關單位並沒有增加車道的數量，反而決定拆除整條快速道路。懷疑者預測這樣會造成交通大亂，但市中心的車輛反而大幅減少。首爾的居民也適應了通行的方式，許多人都改搭地鐵。城市的部分計畫是要恢復消失的清溪川，這條河川當時被埋在道路底下。過去的快速道路，現在變成了一條長長的河邊公園，種了一百五十萬棵樹。昆蟲、鳥類、魚群又再度出現，成為了大受首爾人歡迎的休憩場所。那裡成為了觀光景點，生意興隆，也成為了舉辦節慶活動的地點，以及騎乘自行車的路線。這種低汙染的願景同時適用於已開發與開發中國家。

但很可惜的是，這個版本並不在政府對抗空氣汙染行動的首要之務當中。到目前為止，我們對於造成空氣汙染肇因的關注仍然不夠多。控制交通工具造成的空氣汙染戰爭，當中不斷出現創新的方式，但是我們卻較少著力於減少動力車輛的成長，並且不願正面面對那些想要擁抱城市新願景的人，而是圖利那些只透過汽車擋風玻璃看待交通運輸工具的人*。新道路會帶來更多車輛，同樣的，新的自行車基礎建設以及容易步行的道路，以及大眾運輸工具的改善，都能夠鼓勵大家用新的方式行進。

同樣的，增加家中暖氣設備與隔熱設施的效能，也不是倫敦霧霾問題的解方之一。這麼做或許能夠大幅降低空氣汙染，也能夠降低持續影響英國冬季的高死亡率。但有關單位並沒有設法讓大家減少用電量，而是將發電廠移到郊區，並且建造高高的煙囪，製造了一九七〇

* 感謝英國步行與自行車慈善機構 Sustrans 的前員工飛利浦・因索爾（Philip Insall），他說明了所謂的「擋風玻璃視野」主宰了交通運輸的思維。

年代出現的酸雨問題。這類的例子可說不勝枚舉。

於是新戰場就此出現，那就是我們的家。許多證據顯示使用固體燃料的居家暖氣設備，不管是木柴、煤、泥炭，都會對都市造成災難性的空氣汙染。即使在小鎮當中，只要有幾戶人家使用固體燃料，都會是顆粒物汙染的主要來源。這讓我們必須質疑自己的態度。客廳當中溫暖的爐火會傷害我們的鄰居嗎？我們要更嚴厲地質疑自己，如果在二十一世紀當中，能夠選擇更乾淨的暖氣產生方式，例如使用天然氣的中央暖氣系統、熱幫浦、電熱設備，或是地區供暖系統，那麼應該允許在小鎮或是城市當中燃燒木柴嗎？在部分的發展中國家裡，燃料的選擇較少，使用固體燃料的結果造成每年有數百萬人早逝，年輕人也受到了嚴重的影響。終結這種悲劇是重要的國際發展目標，但卻相當不容易。改善烹飪爐具不僅有助於改善空氣品質，也能夠讓女孩與女人不必鎮日撿拾柴火，這樣他們就能夠有時間接受教育，或是替家庭增加收入，但解決的方式必須著重在經濟與基礎建設的發展，而不是更換爐具而已。

這個新的家庭戰場不只有暖氣與烹飪設施而已。二〇一八年時，研究資料顯示，美國的殺蟲劑、塗料、列印墨水、接著劑、清潔劑、個人保養產品，都是會產生臭氧汙染物質的主要來源[14]。這個發現同樣也適用於歐洲及其他地方。製造商會說產品離開工廠之後，他們就沒有責任了，但這樣並不能解決問題。要控制空氣汙染，端賴我們每個人在市場與大街上所做的選擇，以及我們在線上購物所做的選擇。要做到這點，就必須提供更清楚的產品標示與資訊給消費者，或者是限制產品使用的溶劑。

儘管在減少空氣汙染方面的投資，能夠帶來極大的經濟效益，但政策與策略都受限於政治上的可接受程度。這表示許多解決空氣汙染的必要措施，從未獲得討論，更不用說進入都市計畫或是政府的政策當中。交通運輸方面更是如此，因為業界一直不斷地大力地遊說。業界的聲音總是比遭受嚴重空氣汙染的人大聲。改變輿論，是我們所有人的責任。我們可以透過自己的行動，將低汙染生活變成日常生活的一部分做到這點。

我們所有人能做的事情不多。和其他父母親輪流送孩子到學校，以及走路陪孩子上下課；計畫好你慢跑的路徑，減少接觸汙染的空氣。如果你必須開車，那麼請合併你開車的路程；請你在當地購物。以上這些只是舉出幾個例子而已。我們也都能夠加入辯論，並且一起塑造美好的未來。鄰里團體、居民協會、環境團體、自行車團體、學校家長會、報紙的讀者留言、政黨等，都是我們能夠帶來改變的地方。商會也逐漸留意到戶外工人呼吸汙染空氣的問題。請聯絡你當地的民意代表；寫給政府的信都會有人閱讀，有時候也會獲得回信。《洛杉磯時報》舉行了一項活動，就是向市政府施壓來處理一九五〇年代刺眼的霧霾問題，以及德國的環保運動，確保讓那些因為酸雨而死亡的森林照片出現在歐洲各地的報紙上。在英國，民眾的運動，讓政府對皇家委員會有關汽油含鉛的問題出現了史無前例的大轉彎。在城市方面，「倫敦空氣淨化運動」的賽門・博齊克毫不費力地讓空汙問題持續出現在倫敦市長的議程上，並且讓倫敦低排放區管制日趨嚴格鋪路。環保律師團克萊恩特・厄斯（ClientEarth）開闢了一個新戰場，用法律逼英國政府就範，必須擬定適當的空汙防制計畫，而且不是只有一次，也在二〇一一年起多達三次。每次政府都被迫改善空汙計畫，並且帶來更快的改善，並且在更多城市採取更多行動。在英國脫歐，擺脫歐盟禁制裁的威脅之後，這些計畫會如何，仍有待觀察。

「汙染者付費」的原則必須納入法律當中，讓業界為他們所製造的汙染與產品造成的傷害負責。業界也必須負起供暖與冷卻建築物、員工通勤與運輸所製造的空氣汙染。許多產業開始接收到這個訊息。經常有零售商與辦公室員工和我聯絡，說他們擔心員工、顧客與公司商譽受到空氣汙染的影響，這點讓我大獲鼓舞。許多產業都透過改變運送貨物以及員工通勤的方式，努力要減少汙染足跡。港口與機場都被認為是嚴重的空氣汙染來源，但要規範在不同國間行駛的船隻與飛機卻相當不易。駛進許多歐洲港口的船隻必須燃燒還原硫燃料，但跨國交通造成的空氣汙染，往往被視為其他國家的問題，意味著沒有人願意負責。改搭火車而不要搭飛機，就是減少空氣汙染足跡的簡單方式。本書當中的許多章節，都書寫了在英國、西班牙、瑞典國內各地搭乘火車的情形。這些內容提供了有關行程的良好觀點，且能夠更迅速地從一個城市到達另一個城市。不過航空業獲得的減稅，意味著數百萬人仍然會繼續吸入汙染的空氣。

科學在淨化空氣的戰爭當中，扮演了重要的角色。本書提及了許多過去發生的錯誤，也就是在沒有檢視全面證據的情況下就採取的行動。科學家必須說明擁有的證據，大家才能夠瞭解問題，並且根據可行的方式提出解決之道。光靠部長、公務人員、立法人員閱讀科學期刊，或是在空氣汙染會議當中看我們發表的報告是不夠的。我們必須要在公共會議當中發言，在媒體上發聲，並且對政治人物說明。

然而，說明證據以及被視為是社運人員而遭到某黨派否決，僅有一線之隔。我很幸運，因為和我共事的科學家都能夠了解說明自己的著作，是自己必須扮演的重要角色之一。要能夠有效地溝通，就必須建立詞彙表，讓複雜的證據能透過簡單清楚的詞彙說明。英國的第一個健康負擔計算結果，說明了空氣汙染例子造成的衝擊，在二〇一〇年讓二萬九千五百人早逝，這是一項重大的進步，說明了空氣品質問題造成的後果。但主要的問題在於科學家靠做研究過生活。我們進入科學領域是為了找出問題的答案。通常科學家都會把重點放在未知的領域，而非在於已有許多證據證實空氣汙染有害健康的問題上。

不只有研究空氣汙染的科學家必須大聲說話。醫療人員在一九六二年呼籲大家不要抽煙時，有關菸草的辯論也向前邁進了一大步*。倫敦皇家內科醫學院提出的二〇一六年空氣汙染報告，因此成為了重要的里程碑，醫師特別強調空氣汙染對病患造成的傷害，並且請政府採取適當的行動處理這個問題。

業界也必須遵守規則。在汽油當中添加鉛，也讓我們了解沒有證據證實會造成傷害，以及證明無害之間的差別。淨化空氣的戰爭，每每受到阻撓，那些人利用了大家呼吸的空氣來排放廢氣並從中獲得好處。令人難過的是，本書當中有許多例子說明了業界在面對不願面對的真相時，都頑強地抵抗。最近我們看到汽車製造商研發了通過汙染檢驗的柴油車，但車輛真正上路時，卻完全不是這麼回事。製造商尚未給予歐洲民眾任何交代。政府必須確保法規能夠防止業界偷工減料，確保能夠在獲利的情況下減少空氣汙染。我非常期待這樣的產品能夠因為溫室氣體排放量低而上市。

在採取行動之際，政府往往注重單一來源，或是單一汙染源，而非所有的空汙來源。在倫敦冬季的霧霾消失之後，我們以為英國的空氣汙染就已經解決了，但是陸上交通工具以及酸雨卻悄悄進入汙染的行列。同樣的，在我們對抗車輛造成的空氣汙染問題時，燃燒木柴的問題又重回西北歐的城市當中。我們必須採取更為全面的觀點，看待利用空氣來排放廢棄物這件事。政治人物必須把空氣汙染視為改善大眾健康的機會，而非難以解決的一系列無止盡問題。

大氣會移動，這就表示我們的廢氣會被帶到其他地方，但是我們所犯下的一個錯誤，是把稀釋與讓空氣無害混為一談。這兩點並不相同。另一項錯誤則是忽略整體的影響。一座壁爐造成的影響很小，但是數百萬個燒煤的火堆加總起來，卻在一九五二年的倫敦霧霾當中造成數千人喪生。發電廠、工廠、家庭排放的溫室氣體加總起來，就會造成酸雨，損害北歐與北美洲的森林。數十億車輛的油箱裡都有幾公克的汽油添加物，就會讓鉛變成全球各地無所不在的汙染物，危害人體的健康。

我們也沒有看見這些影響在經過一段時間之後累積起來的效果。一九五〇與一九六〇年代的霧霾顯示短時間的嚴重空氣汙染會對數千人的健康造成傷害，但又過了四十年，《六座

* 在這份報告出現之前，也就是在一九五六至一九六〇年間，英國政府花費了五千英鎊教育大眾，讓大家了解抽菸的風險。香菸廣告則投入了三千八百萬英鎊。請見倫敦皇家內科醫學院《吸煙與健康》。倫敦：RCP：1962。

城市研究》才揭露每天呼吸汙染的空氣會減短壽命。這項研究結果出現之後，還有其他研究證實兒童的肺部成長會因為每天吸入汙染的空氣而受阻。現在新的研究報告指出在出生之前、兒童時期所吸入的汙染物，會影響到成年人的壽命。空氣汙染物的研究史告訴我們許多之前未曾注意過的警訊：多諾拉霧霾以及馬斯河谷事件，汽油當中所含的鉛，以及柴油車當中的問題。我們不能掉以輕心，忽略今日的警告，忽略了就很可能對我們造成危險。

在室內禁煙令實施之後，我們晚上去餐廳或酒吧時，才能體會到在充滿煙味的地方飲食有多糟糕。這令人不敢想像原本有多糟糕。十個國家、美國的十二個州、全世界十五個城市實施的室內禁菸令，讓心臟病發的比例平均降低百分之十二，同時中風與兒童氣喘的發生率也降低了。這點出乎大家的意料之外，顯示了吸二手菸會造成我們之前未曾料想到的結果[15]。減少戶外的空氣汙染能為健康帶來的好處，可能超乎我們的想像。

我們空氣汙染問題的核心，可能存在著巨大的社會不公問題。二〇一一年時，我在家鄉的教堂對大眾發表演說。我給大家看了擁有汽車者的地圖，以及空氣汙染地圖。擁有汽車的人，大多居住在富人聚集的郊區，但遭受到的空氣汙染卻最少。空氣汙染最嚴重的地區位於市中心以及繁忙的馬路上，那些地方的車主卻是最少的。那些必須和嚴重空氣汙染並存的人，並非造成問題的人；那些人多半走路、騎自行車或是搭乘大眾運輸工具去上班與上學。在英國各地以及已開發國家當中，都重複著同樣的模式。放眼全世界，那些世界上最貧窮的人，卻遭遇了最嚴重的空氣汙染負擔，也就是住在非洲到東南亞肥沃月灣的人。那些人能夠獲得的食物最少，農作物遭受到的破壞卻最嚴重。要減輕空氣汙染對他們造成的負擔，就必須把目標放在國際援助上，並且堅定且明確地著眼於永續發展的目標。

我們的空氣不屬於也無法屬於任何人。空氣流動的特性意味著我今天在英格蘭南部呼吸到的空氣，很可能是昨天在巴黎的空氣，明天可能會跑到阿姆斯特丹去。我們的空氣最終是共享的資源，但這點並沒有鼓勵大家要多付一些責任，反而正好相反。生物學暨經濟學家加雷特．哈定（Garrett Hardin）在一九六八年發表的論文《平民的悲劇》[16]當中，引用了最早由維多利亞時期經濟學家威廉．佛斯特．洛伊（William Foster Lloyd）出版的小冊子與演說，書中討論了英國平民百姓的命運；一片共享的土地，讓當地社群當中所有的人都能夠放牧動物。洛伊與哈定擔心如果有人多放一隻牛到共享的草地上，會發生什麼事。那隻牛會吃一些共享的草。多出來那頭牛造成的負擔，就得由村裡所有的人共同承擔，啃蝕過度造成的邊際效應也由所有的動物承擔，但是到市場去販售所得利潤卻歸那頭牛的主人所有。因此為確保所有村民的最佳利益，因此多養牛增加的費用，就必須由那些人多養牛的人均攤。同樣的，製造汙染的人要淨化車輛的廢氣或是工廠排放的廢氣，也必須付出代價，但他們所分擔的健康與環境負擔卻微乎其微。只有在我們檢視整個體系，才能夠看見淨化的總成本遠小於不淨化所造成的後果。

工業城當中冒煙的煙囪在過去被視為是繁榮的象徵。即使到了今日，汙染也被認為代表了獲利。政治人物面對的挑戰，是必須讓經濟繁榮，確保製造汙染者能夠付錢，以及做對的事才是理性的。哈定討論了濫用共同資源背後的倫理，也就是那位多讓牛吃草的農夫所面臨的社會壓力，但是氣喘兒的父母很難對數千名開車路過的駕駛人施加社會壓力。我們的空氣汙染問題，只能夠透過整個社會共同採取行動來解決，這點就讓我們回到了由政府採取行動上。

本書的標題將空氣汙染視為隱形殺手。沒有人在死亡證書上的死因會寫空氣汙染，但卻有無數的證據顯示空氣汙染會縮短我們的壽命。空氣汙染會增加死亡率，以及日常疾病的發生率，包含呼吸道問題、心臟問題、中風等等。如果我們仔細尋找竟能夠看到空氣汙染問題。我們能夠嚐嚐看、聞聞看火堆的煙霧，或是路過車輛排放的廢氣。在冬季影響倫敦的濃厚霧霾以及今日影響世界各地城市的薄霧，都是空氣汙染可見的象徵，但只不過我們不再察覺到這些而已，因為這些已經變成了我們日常生活的一部分。在一九二一年發生煤礦罷工事件之後，英國人發現他們周遭的世界神奇地改變了；突然可以看到之前未曾看過的遠山。二〇一四年亞太經濟合作會議的期間，以及二〇一五年慶祝二次大戰結束七十年的遊行時，北京周圍的工業被迫減少，車輛的數量也減半。空氣汙染的情形減少了，天空也變得清朗。北京人不用透過經常出現的薄霧，就能夠看到天空真正的顏色。這種顏色被暱稱為「亞太經濟合作會議藍」，後來的那次被稱為「遊行藍」[18]。問題不在空氣汙染隱形，而是被大家習以為常並且接受了。

接受空氣汙染的情形，也從日常生活延伸到了政府的觀點。二〇〇五年時，歐盟領袖決議了一項政策，仍然會在二〇二〇年之前，每年造成二十萬人早逝[19]。他們之後擬定二〇三〇年的計畫時，仍然把健康與經濟專家的建議擱置一旁[20]。他們接受了空氣汙染的這種常態，認為這種不良的情形總比非常差勁來得好。但我們的基準點應該要是乾淨的空氣才對。

本書帶領我們先回顧過去，才能夠放眼未來。綜觀過去空氣汙染的歷史裡，充滿了許多早期提出的警告，但卻無人聞問，政府也為了因應原可避免、應避免、且根本不該發生的災難，做出政策急轉彎。倫敦在一九五二年冬季有一萬兩千人喪生之後，政府才開始注意幾十年之前已提出的警訊。鉛在受到控管之前，成為了全球皆有的汙染物，影響了數百萬名兒童，中國每年空氣汙染問題在成為全國的首要之務前，每年造成的死亡人數高達一百七十萬人[21]。

有許多目標都是針對未來幾十年所訂的。英國訂立的目標，是要在二〇二〇年代中期符合二〇一〇年的二氧化氮法定限制。達標的可能性，絕大部分都取決於接下來幾年內能夠買到的柴油車廢氣排放量，以及這些車輛在街上行駛時的性能。根據過去的經驗，我們很難樂觀地認為有機會達標，以目前的進步速度來看，二氧化氮以及市中心的街道與幹道在許多年後，甚至未來的幾十年內都會超過法定標準。這就是為何新的政策與行動如此重要，這些包含在我們主要城市當中增設新的低排放區。

歐洲對於顆粒物汙染的限制不斷遭到批評，被認為帶來的保護仍然不足。就二氧化氮而言，法定的標準符合了世界衛生組織的指南，但對於顆粒物汙染的限制，則較世衛組織寬鬆許多，高達其建議標準的兩倍。因此辯論的焦點就轉向了把世界衛生組織的指南訂為未來的政策。二〇一八年時，英國政府研擬了減少顆粒物汙染的計畫，並且定下了目標要在二〇二五年前，讓居住在空氣顆粒物汙染區的居民減半。這些地區主要位於人口稠密的東南地區，倫敦也包含在內，當地的市長希望能在二〇三〇年前符合指南的規定。要做到這點，我們就不能只把重點放在目前的交通以及工業上，而必須全面管理空氣，包含處理家中燃燒木柴、農業、外燴造成的汙染問題。

二〇一五年巴黎協議提出了一項計畫，在限制全球在二十一世紀末時，氣溫的上升不會超過攝氏兩度[22]。因此接下來的幾十年當中，就被定義為對抗氣候變遷的時刻。我們將要在面臨海平面上升與氣候變遷的同時，努力減少溫氣體的排放，並且維持經濟體的存續。煤礦成為工業與社會發展的燃料，為期將近三百年，從歐洲工業革命開始，到最近中國的工業化為止。但這點的背後卻有著慘痛的代價。本書各處提及燃煤帶來的空氣汙染，意味著沒有其他任何的人類活動對我們的星球造成如此深遠的影響。燃燒煤礦已經傷害了我們的健康，讓數百萬人的壽命縮短，這種情形還會繼續下去，同時也對生態系統造成傷害，另外也是大氣當中二氧化碳增加的主因。氣候變遷的科學最終讓我們得以把煤礦從寶貴的天然資源變成危險的物質，如果我們要避免無法控制的全球暖化，就必須把這種物質繼續留在地底[23]。減少毫無限制的燃燒煤礦，對我們的空氣只有好處，沒有壞處，尤其是用可再生能源來取代，例如水力、地熱、風力、太陽能、潮汐以及某些人提倡的核能發電等更是如此。

在二十一世紀當中，我們要同時考慮空氣汙染與氣候變遷的問題，這點尤其重要，如此才能在採取行動處理其中一項問題時，不會造成另一項的惡化。正如世界衛生組織所言，如果政策能夠同時在處理空氣汙染與氣候變遷之間取得平衡，將會帶來相當大的益處[24]。許多空氣汙染物，例如黑炭以及天然氣當中的甲烷外洩，都會造成空氣汙染，對氣候造成不良影響，同時也有害農作物[25]。

二〇〇八年時，英國正式通過了《氣候變遷法》（Climate Change Act）。這項法律規定要在二〇五〇年之前，必須把二氧化碳類的排放量減少到英國一九九〇年的百分之八十。在二〇一二到二〇一五年間的排放量，每年平均減少百分之四點五，但這幾乎全都是因為發電的進步，減少煤炭的使用量，並且增加天然氣、風力、燃燒木柴的發電量*。然而，在其他的經濟體當中，溫室氣體的排放量幾乎都沒有減少。

顯然，要達到所需改變的方法有很多。二〇一八年時，倫敦國王學院的馬丁．威廉斯（Martin Williams）與同事檢視了英國未來的能源計畫與空氣汙染的相關情形[26]。他們發現了一些好消息。減少石化燃料的使用，能夠讓全國的顆粒物汙染減少，位於同一區塊的歐洲鄰國，到了二〇三〇年代時，西歐地區在春天就不會再為嚴重的顆粒物汙染所苦。但對於我們生活在城市當中的人來說（佔歐洲人口的百分之八十），在威廉斯的研究當中也發現了一些壞消息。兩種符合《氣候變遷法》的情形，都與都市的空氣汙染有著密切關係，主要是燒柴取暖以及獲得能量的情形在未來二十年間會增加，這種結合熱能與電能的應用也變得普遍，就會增加都會區的二氧化氮量。未來的政策並不會像二十一世紀初期一樣，減少道路運輸量，而會納入有計畫的增加。這樣會讓排碳與空氣汙染的挑戰更為艱鉅。

未來的科技往往都已準備就緒，但卻仍未獲廣泛使用。許多國家與城市的政府致力於禁止販售傳統的汽油與柴油車，英國的情形則是在二〇四〇年前禁售。汽油與柴油車會被新興的電動車取代，看來是無可避免的趨勢。在二〇一〇到二〇一七年間，電池的成本減少了百分之八十[27]，但電動車仍需要投資充電的基礎建設，以及改變發電的方式。我們也必須記得電動車並非代表能夠將空氣汙染降到零。這些車輛仍然會因為煞車、輪胎、路面的磨損造成顆粒物汙染。

另外一項較大的挑戰，是長程重型貨車的發電問題，目前只有柴油是可行的選擇。其他替代的燃料例如甲烷等，會對氣候造成較大的風險，目前也尚未有利用氫氣作為燃料的貨車問世。因此看來在未來幾十年間，柴油車繼續存在，似乎是無可避免的情形，並且也必須投入更多資金，才能確保能夠盡量讓空氣維持乾淨。類似的挑戰，還有船隻缺乏燃料油的替代方案，以及飛機缺乏煤油的替代燃料，讓電動火車成為了可行的低空汙與低碳的替代方案，作為長途運輸旅客與貨物的替代方案。自駕車或是無人駕駛車輛也在實驗當中。雖然這些或許能夠增加

---

* 燃燒木片發電的方式，在計算溫室氣體排放的系統當中被歸為零排碳量。實際情形則沒這麼簡單。請見第十一章。

某些人的機動性，但卻也可能讓某些人放棄主動行進與高乘載的大眾運輸工具，改搭低乘載的自駕車。在短時間的路途當中，小而美的城市若能有迷人的公共空間與公園，就會讓每天通勤去上班、上學、購物、造訪家人變成愉快的事，而非坐在車裡覺得沮喪的事。因此在已開發與開發中國家的都市設計就相當重要，與低空氣汙染的生活型態息息相關。

我們在本章的開頭，提及了全世界都會人口的規劃。全球人口數將會在四十年後翻倍，但我們新城市的功能與架構將會在接下來的二十年中定案[28]。我們目前的城市也需要進行調適。如果我們要減少空氣汙染對健康造成的負擔，以及符合氣候變遷目標的話，那麼接下來的幾十年就是關鍵。

最重要的是，我們必須體認空氣是珍貴的資源，需要受到保護，而不是用來排放廢棄物的機制。在我們的一生當中，都會吸入約兩億五千萬公升的空氣，重量約為三十萬公斤[29]。但我們每次呼吸時，擁有空氣的時間只不過幾秒鐘。因此，我們每個人能夠採取行動的時候時，就必須採取行動，但最重要的是，世界各地的政府必須帶頭創造低汙染生活型態的環境，再加上低汙染的工業，這不再是潛在目標，而顯然是唯一理性的選擇。減少空氣汙染對健康造成的沈屙，是有待政治人物獲取的大獎。

後記　我們仍抱持希望的理由？

在出版《隱形殺手　空污》三個月之後，我發現自己實現了童年時期的夢想。我成長逾一九六〇年代末期與一九七〇年代，雖然那是個工業與社會都動蕩不安的年代，同時卻也是樂觀地認為科技能夠讓生活變好的年代。我曾看過天空中的協和客機，太空人登陸月球，以及爸爸把煤油鍋爐換成新的天然氣中央暖氣系統，讓整個屋子都溫暖了起來。

遠方矗立著英國電信塔。幾十年來，這棟建築物一直是英國最高的建築物，閃閃發亮的圓柱狀在幾英里外就能夠看得很清楚。塔頂的旋轉餐廳，一直是我想造訪的地方。然而，在一九七一年十月三十一日，塔中發生了炸彈爆炸事件之後，自此就停止對大眾開放。

將近五十年之後，在二〇一九年的一月，我發現自己站在旋轉餐廳裡，在地平線緩緩轉動時，俯瞰著倫敦。我的夢想實現了。登上高處一直是檢視空氣汙染的好方法。腳下的街道當中滿是車輛與群眾，在冬日低角度的陽光映照下，可看見明顯的一層薄霧。

當時我前往英國電信塔，是因為英國政府發佈了新的空氣品質政策。有許多人代表了政府的不同部門、研究機構、社運團體等等。我沒有拿到議程，因此接下來發生的事著實讓我大吃一驚。

在此之前，我曾經主持過兩場空氣品質政策的發表會。第一場是一九九〇年代末期在馬里波恩路的實驗室，當時由大衛・葛林（David Green）和我負責招待環境部長麥可・米契爾（Michael Meacher）。每隔一段時間，就有三至四位記者抵達。部長站在實驗室旁，說明有關新資料的資訊，接著我們就會端著當地咖啡館的茶去招待他們。第二次則是在漢默史密斯的觀測站和和班・布萊德蕭（Ben Bradshaw）一起主持，後來則是一位年輕的部長。有位記者上前問了些複雜的問題，還有一位部裡的攝影師在那裡拍照記錄這個場合。布萊德蕭擺了幾個好看的拍照姿勢，指著儀器，並且拿著濾網。接著，我們請大家喝些當地咖啡館的飲料，之後大家就回家了。

我手裡拿著茶、柳橙汁，及丹麥甜點，俯瞰著腳下的倫敦。我已經在電梯裡見過泰蕾茲・科菲（Thérèse Coffey）部長了。那時她正在樓上接受電視訪問，我以為她會對大家說話，但奇怪的是，那裡有兩個講台。五分鐘之後，我才明白這是怎麼一回事。新的策略並非由部長發布，而是由兩位內閣大臣負責公布。第一位是負責環境的麥可．戈夫（Michael Gove）（他請我幫他簽書），接下來是負責衛生的麥特．漢考克（Matt Hancock）。他們兩人相當有默契地發表有關空氣汙染的演說，強調空氣汙染對健康造成的影響，以及必須如何處理空氣汙染，多數時候不看摘要就能侃侃而談。在脫歐議題當道之際，兩位內閣成員願意花時間來發表空氣汙染的演說，實在是相當難能可貴。或許這意味著將有新的發展？

我騎著自行車，帶著一份政策說明回到我在國王大學的辦公室，在辦公桌前讀了起來。這份政策真是全面到令人佩服。內容不是只提及交通或是產業，還天南地北無所不包，涵蓋了農業、運輸、居家燃煤的問題。或許這是頭一遭我們打算一次處理所有的問題來源。這看來像是前所未見的內容，但在脫歐議題像個巨大的黑洞一樣消耗了所有的政治能量之際，這些話是否能夠付諸行動，還有待檢視。

撰寫《隱形殺手　空污》一書，讓我更全面地了解業界拚命閃避對環境應負起的責任，把成本轉嫁到整個社會上的情形。想想在過去業界團體過於活躍的行動，我開始思考他們今日所處的地位。我們的汙染者是已經改過向善了，還是只是更擅於隱藏呢？

有幾個應讓我們警惕的重要議題，現正被大家熱議當中。在歐洲，環保立法的核心為預防原則。這種「寧可打安全牌而不要感到遺憾」的做法意味著立法人員與政府在傷害可能出現之前，就先採取行動，而非等到大規模的傷害出現。業界的遊說團體希望這種預防性的原則能夠和創新原則達到平衡，這點也出現在歐盟政策的文件當中[2]。提出這種創新的原則是為了預防環阻礙成科學或是工業的進步。這點表面上聽起來相當合理。我們的日常生活當中，都因為創新而獲益良多。我的許多親戚能夠過著高品質的生活，都是因為醫學方面的進步，我這間二十一世紀的房子裡使用的能源，只有童年時期倫敦南方房子的一半，如果我無法在書桌前、花園裡、火車座位上連線到全球各地的圖書館，那麼也無法完成本書。

但本書當中強調的許多問題，源於讓創新任意踐踏預防措施。一九二〇年代時，乙基公司（Ethyl Corporation）向公共衛生科學家發出戰帖，表示如果他們要美國大眾拒絕這種能夠減少汽油用量又能夠改善引擎效能的添加劑，那麼就要證明汽油當中含鉛的添加劑四乙基鉛，也就是他們所謂「上帝的禮物」對人體有害（請見第四章）。這種舉證責任的轉移，導致了二十世紀最大的環境災難。同樣的，我們也不該在沒有考慮塑膠對環境造成的影響，或是拋棄時造成問題，就廣泛地使用塑膠產品。我們顯然需要創新，但新的東西不一定好。今日環境所面臨的挑戰，包含空氣品質以及氣候危機，可說是對創新的一大刺激而非煞車。我們需要採取全面的觀點，確保我們採用適當的創新，能夠減少對環境的衝擊，而非將預防原則與環保視為進步的阻礙。

川普政府以及美國國家環境保護局的新主管也開始將目標改為預防性原則[3]。許多之前負責評估空氣汙染風險的專家都遭到解聘，美國國家環境保護局也提高了各類公衛證據的標準。環境保護局的新計畫當中，只會採用依法減少空氣汙染的研究，或是其他能夠降低傷害的改變。《六座城市研究》初次發佈二十五年之後，又再度引發的辯論（請見第七章）。根據這些新的規定，最具有影響性的空汙研究《六座城市研究》並不能用來研擬政策。有數千份經過同儕審閱的科學研究報告都說明了空氣汙染與健康之間的關聯。仔細連結兩者之間的關係後，更全面的樣貌就會浮現。我們忽略的證據會對我們造成傷害。符合新規定的研究報告數量少得多，因此要採取行動的壓力也較小。我們也可能會陷入進退兩難的處境；因為沒有證據，立法者將不會採取行動，不採取行動，則意味著我們將無法收集到證據。

還不只如此。美國國家環境保護局也打算改變成本效益分析的規則[4]。例如，美國《空氣淨化法》造成的其中一項影響，遠超過達到空氣品質的規範。整體而言，能夠帶來的好處是支出的三十二倍（第十四章）。同樣的，鼓勵步行與騎單車以及減少駕駛車輛的趟次，帶給我們的好處也遠超過處理空氣汙染問題。這也有助於改善都市的噪音、溫室氣體、日常生活缺乏運動導致的疾病。然而，美國國家環境保護局提出來的新規定，只會計入符合規範所帶來的好處，而不會計入真實世界中更為廣泛的附加好處。正如我所寫的，科學家喜歡透過報紙與新聞來揭露這種預防法則造成的毒害，但同樣的，我們目前達成的保護措施，也同樣是政治人物在回應民眾壓力時所達成的結果。我們的政治領袖應該強化這種保護措施，而不是妥協讓步。

現在民眾已開始表達意見與採取行動。英國的買家不願購買柴油車，讓這些車輛在展售中心滯銷，藉此表達了他們的感受[5]。柴油車從佔新車的銷售量五成左右，降至約三分之一，在其他歐洲國家當中的情形也相去不遠。對於那些通過實驗室檢驗，卻在道路上排放超量汙染廢氣的車輛，民眾心中自有決斷。

或許大眾對環保議題表態最明顯的例子，就是為了氣候問題罷課。受到瑞典學生格蕾塔・桑伯格（Greta Thunberg）的啟發，這些罷課事件擴及整個歐洲，甚至遍及全球。年輕人每個星期五離開學校上街抗議；遊行穿過市中心，並且在公園以及廣場當中聆聽演講。他們要傳達的訊息相當簡單：要求對氣候變遷所採取的行動，確實反應我們面臨此議題的廣度與急迫性，讓我們及自然環境能夠擁有良好的未來。這些孩童的音量相當驚人。我曾看過上千人遊行經過我的辦公室窗外，這不只發生在倫敦而已。在我的家鄉布萊頓，街道上充滿了數千名學生，希望讓大家聽到他們的看法，在歐洲各地以及全世界各地的城市情形也相去不遠。各地政府、市議會與鎮議會都投票通過因應急迫氣候變遷的法案，但我們必須讓這些文字化為行動。

二〇一九年四月時，英國經歷了大規模的反動，這是一九六〇年代反戰抗議，以及一九九〇年代早期造成梅杰政府下台的人頭稅抗議以來，規模最大的抗爭事件。我在大學裡走著，發現自己走在發起反抗滅絕的抗議群眾當中，他們佔據了滑鐵盧橋。反抗滅絕抗議始於二〇一八年的英國，後來成為了全球的活動，他們使用非暴力的行動，讓大家為環境作出基本的改變。在一群人佔據了原本車輛行走的道路時，有種開派對的歡樂氣氛。許多新聞記者描述了抗議的嚴重程度，讓倫敦市中心以外的人了解箇中情形。閱讀了那些報導之後，你就不再會認為倫敦是個靜止不動，車輛動彈不得，充滿了汙染空氣的城市了。事實上正好相反。道路封閉以後，空氣汙染的情形就減輕了[6]，這種影響也延伸到更多地區。我對於參與遊行者的年齡層感到驚訝，老少皆有。包含了許多退休人士，他們告訴我擔心自己的所作所為會對孫輩帶來的影響。針對空氣汙染採取行動，就是他們的訴求之一。

有越來越多的證據顯示空氣汙染對兒童的成長有害。很少有哪一州沒有重大的新研究發布。有一篇我也參與其中的研究報告，成為了二〇一八年十一月的新聞頭條。那是累積了將近十年的研究成果，由倫敦國王學院以及瑪麗皇后學大學共同進行，檢視了兒童的肺部。一群醫師、教授、研究人員，在超過四年冬天的期間，巡迴前往東倫敦的二十八間小學。學生了解有關空氣汙染的知識，並且玩遊戲與畫圖。他們逐一參與實驗，對儀器吹氣，測量他們的肺活量。我們估計學童吹入的空氣汙染，包含了當天早上、前一週以及過去一年的汙染物。結果相當明顯。那些居住在汙染最嚴重地區的孩童，肺活量最小。這與吉姆・高德曼（Jim Gauderman）（第七章）的研究結果相去不遠，不過這個實驗也是在倫敦地區進行的。

有堆積如山的證據顯示空氣汙染對兒童造成的傷害，因此一群在比利時的父母開始採取了行動。他們在送完小孩上學之後，沒有去喝咖啡休息，而是在二〇一八年三月的一個星期五早晨，他們封閉了學校外圍的道路。他們每週持續這麼做，把這個運動稱為「過濾濾泡式咖啡」（Filter-Café-Filtré）。在接下來的兩週之內，另外四十二所學校也加入了他們的行列。

在二〇一九年四月時，我發現自己站在布魯塞爾的一所小學旁。我是去那個城市開會，但同時也正好有機會和那些參與「過濾濾泡式咖啡」[8]運動的父母親碰面。一年之後，那個活動出現在二十一座城市當中。他們帶著DIY商店買到的警示膠帶、布條、樂器，由家長和老師在每個星期五早上封閉七十六座學校周圍的道路。學生在進入校園之前，一起玩著泡泡以及玩具風車，家長則和老師一起喝咖啡。他們的訴求很簡單：行人徒步區、改善人行道與自行車道、大眾運輸工具，這樣家長就不用開車送小孩上學。

英國團體Sustrans[9]調查的結果，發現約有三分之二的教師希望學校周遭的道路能夠禁止車輛通行[10]。從義大利開始，接著擴及蘇格蘭[11]的「學校街」迅速蔓延。二〇一九年四月時，約有二十所英國的學校在接送孩童上學與放學的時間，規劃了行人徒步區，以減少交通事故的發生，以及空氣汙染的情形，同時鼓勵大家走路與騎自行車上學。社運團體「救肺媽媽」（*Mums for Lungs*）統計的資料顯示，到二〇二一年，將會有超過一百所學校的街道實行這種措施。我非常期待這種情形有一天能夠成為所有學校的常規，但要做到這點，光靠禁令是不夠的。還必須讓學童能夠輕易步行、騎自行車或是搭公車到校才行。

二〇一九年四月，也是倫敦「極低排放區」（Ultra Low Emission Zone）開始實施的時間點。這個計畫比全市實施的計畫，更進一步遏阻了倫敦市中心最嚴重的車輛汙染，宣稱獲得了百分之七十二的民眾支持[12]。媒體對於反空汙行動的支持也逐漸在增加當中，在較為保守的報紙當中也出現了相關文章，《時代雜誌》[13]當中，也出現了有關反空汙運動的報導。二〇一九年五月，歐洲議會選舉中，綠黨在北歐國家當中獲得史無前例的高票。他們在德國與芬蘭獲得第二高票，在愛爾蘭與英國獲得的席次也打破過去的紀錄。

民眾態度的改變，最終能夠帶來一個更乾淨的新紀元嗎？我們絕對有懷抱著希望的理由，但現代的淨化空氣之戰正方興未艾。真正的挑戰，在於如何讓政治領導人將我們的健康與環境擺在第一位。

鳴謝

我的名字印在了這本書的封面，但如果沒有身邊優秀團隊的協助，絕對無法完成本書。

非常感謝我的家人與朋友，尤其是我的妻子凱西，她陪我一起度過寫這本書時（多半）充滿興奮與喜悅的過程；她也閱讀了每一版的稿件，幫我泡茶，以及維持生活的平衡。沒有她，我就不可能完成本書。我也非常感謝潘蜜拉・戴維（Pamela Day）。我有幸成為她的博士論文指導教授，她也閱讀過本書，提出一些建議，並且一路鼓勵著我。同時也要感謝貝琪・富樂（Becky Fuller）協助書的開頭，她是在學校科學課下課後，驚喜的告訴我那句話，此外也要感謝茱蒂・馬丁（Judy Martin）閱讀了本書的前幾章，以及湯姆與蘇珊・克羅塞特夫婦（Tom and Susan Crossett），謝謝他們和我分享寫書的智慧。

感謝我在國王學院的優秀團隊，同時也感謝所有的同事與科學家，謝謝他們不吝分享自身著作，以及多年來不斷帶給我啟發。你們當中的許多人都參與其中，但很遺憾無法一一羅列在此。馬丁・威廉斯（Martin Williams）、大衛・法勒（David Fowler）、米契爾・克里贊諾斯基（Michal Krzyzanowski）和我分享了他們早年的職業生涯，以及在國際組織當中工作的經驗。此外也要感謝我的父母和我分享倫敦霧霾的情形，以及給予我不斷的支持。

如果沒有倫敦國王學院圖書館提供的服務，那麼我就無法搜尋撰寫本書所需的資料。過去一年來，只要可以，我都會帶著筆電擠出幾個小時來寫書。感謝許多讓我能夠坐著寫書的地方：麥克在彭布羅克郡的農場，前方俯視著愛爾蘭海，往來布萊頓與倫敦之間經常誤點的火車，歐洲之星、法國高速列車、便宜的旅社、我岳母安恩的飯廳，還有許多讓我能夠坐在安靜角落喝茶的咖啡廳，以及布萊頓與霍夫的銀禧圖書館。我辦公室窗外的海鷗，以及我在花園工作時從我頭頂掠過的海鷗，總是讓我想起周遭無形的空氣。

最後，我想要感謝在梅爾維爾書屋出版社（Melville House）的同事，包括了史蒂夫・高夫（Steve Gove），以及特別是我的執行編輯妮基・葛理費斯（Nikki Griffiths），讓我有機會完成這本書。妮基的建議與意見，大大地幫助了本書的成形。身為科學家，我們往往會透過發表實驗的結果來傳達想說的內容，但妮基提醒我一本好書需要有故事才行。在撰寫本書的過程當中，讓我有機會認識過去的多位科學家。我希望你們也能和我一樣，樂於見到那些科學家，也希望本書能夠鼓勵你關注我們呼吸的空氣，畢竟那是我們共享的資源。

蓋瑞·富勒，布萊頓，二〇一九年三月

註釋

前言

1. Health Effects Institute, Institute for Health Metrics. *State of Global Air 2017 – A special report.* Boston: HEI, 2017.

第一章　早期探索者

1. Evelyn, John. *Fumifugium, or, The inconveniencie of the aer and smoak of London dissipated together with some remedies humbly proposed.* Brighton: Environmental Protection UK 1661; (modern translation by Anna Gross and Justine Shaw, 2012).
2. Brimblecombe, P. *The Big Smoke.* London: Methuen, 1987; Shaw, N. and Owens, J.S., *The Smoke Problem of Great Cities.* London: Constable & Company, 1925.
3. Thorsheim, P. *Inventing Pollution: Coal, smoke and culture in Britain since 1800.* Athens, Ohio: Ohio University Press, 2006.
4. West, B.J. (2013), 'Torricelli and the Ocean of Air: the first measurement of barometric pressure'. *Physiology*, Vol. 28, 66–73.

5. Smith, R.A. *Air and Rain: the beginnings of a chemical climatology.* London: Longmans, Green and Company, 1872.
6. Ibid.
7. Clapp, B.W. *An Environmental History of Britain since the Industrial Revolution.* Harlow, Essex: Longman, 1994.
8. Aitken, J. (1888), 'On the number of dust particles in the atmosphere'. *Nature*, 428–30.
9. Knott, C.G. *Collected Scientific Papers of John Aitken, LL.D., F.R.S., edited for the Royal Society of Edinburgh (with introductory memoir).* s.l.: Cambridge University Press, 1923.
10. Rubin, R.B. (2001), 'The history of ozone: the Schönbein period, 1839–1868'. *Bulletin for the History of Chemistry*, Vol. 26(1), 40–56.
11. Ibid.
12. Thorsheim, *Inventing Pollution.*
13. Voltz, A, Kley, D. (1988), 'Evaluation of the Montsouris series of ozone measurements', *Nature*, Vol. 332, 240–2.
14. Smith, *Air and Rain.*

第二章　被忽略的警訊

1. Dr J.S. Owens, obituary (1942). *Nature*, Vol. 149, 133.
2. Connor, K., 'There's something in the air'. Wellcome Library [online], 20 November 2013: http://blog.wellcomelibrary.org/2013/11/ theres-something-in-the-air-early-environmental-campaigners/.
3. Owens, J.S. (1936), 'Twenty-five years' progress in smoke abatement'. *Transactions of the Faraday Society*, Vol. 32, 1234–41.
4. Owens, J.S. (1918), 'The measurement of atmospheric pollution', *Quarterly Journal of the Royal Meteorological Society*, Vol. 44, 187.

5. Owens, J. S. (1926), 'Measuring the smoke pollution of city air', *The Analyst*, Vol. 51, 2–18.
6. Owens, 'Twenty-five years' progress in smoke abatement'.
7. Shaw and Owens, *The Smoke Problem of Great Cities.*
8. Beaver, H.E.C., 'The growth of public opinion', in Mallette, F.S. (ed.), *Problems and Control of Air Pollution.* New York: The American Society of Mechanical Engineers, Reinhold Publishing Corporation, 1955.
9. Owens, J.S., (1922), 'Suspended impurity in the air'. *Proceedings of the Royal Society of London.* Series A, Vol. 101(708), 18–37.
10. Shaw and Owens, *The Smoke Problem of Great Cities.*
11. Ibid.
12. Ibid.
13. Whipple, F.J.W. (1929). 'Potential gradient and atmospheric pollution: The influence of "summer time"', *Quarterly Journal of the Royal Meteorological Society*, Vol. 55 (232), 351–62.
14. Shaw and Owens, *The Smoke Problem of Great Cities.*
15. Taylor, J.S., *Smoke and Health: a lecture delivered at the Manchester College of Technology.* Manchester: Joint Committee of the Manchester and District Smoke Abatement Society and the National Smoke Abatement Society, 1929.
16. Shaw and Owens, *The Smoke Problem of Great Cities.*
17. Ibid.
18. Rollier, A. (1929), 'The sun cure and the work cure in surgical tuberculosis'. *British Medical Journal*, Vol. 2 (3599), 1206–7.
19. Firket, J. (1936), 'Fog along the Meuse Valley'. *Transactions of the Faraday Society*, Vol. 32, 1192–6.
20. Ibid.

21. *Mortality and Morbidity During the London Fog of December 1952.* Reports on public health and medical subjects No. 95. London: Ministry of Health, 1954.
22. McCabe, L.C. and Clayton, G.D. (1952), 'Air Pollution by Hydrogen Sulfide in Poza Rica, Mexico. An Evaluation of the Incident of Nov. 24, 1950'. *Archives of Industrial Hygiene and Occupational Medicine*, Vol. 6, 199–213.

第三章　大煙霧

1. The Greater London Authority. *50 Years On: the struggle for air quality in London since the great smog of December 1952.* London: The Greater London Authority, 2002; Brimblecombe, *The Big Smoke.*
2. Ministry of Health, *Mortality and Morbidity During the London Fog of December 1952.*
3. Ibid.
4. Ibid.
5. Wilkins, E.T. (1954), 'Air pollution and the London fog of December, 1952'. *Journal of the Royal Sanitary Institute*, Vol. 74(1), 1–21.
6. Logan, W.P.D. (1953), 'Mortality in the London fog incident, 1952'. *The Lancet*, Vol. 261(6755), 226–338; Wilkins, E.T. (1954), 'Air pollution aspects of the London fog of 1952'. *Journal of the Royal Meteorological Society*, 267–71.
7. Thorsheim, *Inventing Pollution.*
8. Ibid.
9. Bell, M.L. and Davis, D.L. (2001), 'Reassessment of the lethal London fog of 1952: novel indicators of acute and chronic consequences of acute exposure to air pollution'. *Environmental Health Perspectives*, Vol. 109, Supplement 3, 389–94.
10. Ibid.

11. Clapp, *An Environmental History of Britain.*
12. Hansard, 2 February 1953. Vols 510, cc1460–2.
13. Hansard, 1953. Vols. 515, cc841–52.
14. *Sir Hugh Eyre Campbell Beaver KBE LLD (obituary).* s.l.: The Institution of Civil Engineers, 1967.
15. https://www.questia.com/magazine/1G1-135180380/ publication-of-the-guinness-book-of-records-august.
16. Beaver, 'The growth of public opinion'; Wilkins, 'Air pollution and the London fog of December, 1952'.
17. Thorsheim, *Inventing Pollution.*
18. Clapp, *An Environmental History of Britain.*
19. Ibid.
20. https://www.theguardian.com/uk/1999/dec/27/hamiltonvalfayed. features11; https://en.wikipedia.org/wiki/Gerald_Nabarro.
21. Clapp, *An Environmental History of Britain.*
22. Ministry of Health, *Mortality and Morbidity During the London Fog of December 1952*; Logan, W.P.D. (1956), 'Mortality from fog in London, January, 1956'. *British Medical Journal*, Vol. 1(4969), 722; Brimblecombe, *The Big Smoke*; Anderson et al., 'Health effects of an air pollution episode in London, December 1991'; Stedman, J.R. (2004), 'The predicted number of air pollution related deaths in the UK during the August 2003 heatwave'. *Atmospheric Environment*, Vol. 38(8), 1087– 90. Macintyre, H.L., Heaviside, C., Neal, L.S., Agnew, P., Thornes, J. and Vardoulakis, S. (2016), 'Mortality and emergency hospitalizations associated with atmospheric particulate matter episodes across the UK in spring 2014'. *Environment International*, Vol. 97, 108–16.
23. Anderson, H.R., Limb, E.S., Bland, J.M., De Leon, A.P., Strachan, D.P. and Bower, J.S. (1995), 'Health effects of an air pollution episode in London, December 1991'. *Thorax*, Vol. 50(11), 1188–93.

第四章　失控的含鉛汽油

1. Bess, M., 2002, review of McNeill, J.R., *Something New Under the Sun: An Environmental History of the Twentieth-Century World* (New York, 2001). *Journal of Political Ecology*.
2. Pearce, F., 'Inventor hero was a one-man environmental disaster'. *New Scientist*, 7 June 2017.
3. Grandjean, P., Bailar, J.C., Gee, D., Needleman, H.L., Ozonoff, D.M., Richter, E., Sofritti, M. and Soskolne, C.L. (2003), 'Implications of the precautionary principle in research and policy-making'. *American Journal of Industrial Medicine*, Vol. 45 (4), 382–5.
4. Ibid.
5. Tilton, G. *Clair Cameron Patterson, 1922–1995: A Biographical Memoir.* Washington: National Academy of Sciences, 1998.
6. Needleman, H.L., Gunnoe, C., Leviton, A., Reed, R., Peresie, H., Maher, C. and Barrett, P., 'Deficits in psychologic and classroom performance of children with elevated dentine lead levels'. *New England Journal of Medicine*, Vol. 300(13), 689–95; Carey, B., 'Dr. Herbert Needleman, Who Saw Lead's Wider Harm to Children, Dies at 89'. *New York Times*, 27 July 2017.
7. Carey, 'Dr. Herbert Needleman'.
8. Grandjean et al., 'Implications of the precautionary principle'.
9. Chesshyre, R., 'Des Wilson: "We can only try to edge the world in the right direction"'. *The Independent,* 28 February 2011.
10. Leigh, D., Evans, R., Mahmood, M., 'Killer chemicals and greased palms – the deadly "end game" for leaded petrol'. *The Guardian,* 30 June 2010.
11. Lanphear, B.P., Rauch, S., Auinger, P., Allen, R.W. and Hornung, R.W. (2018), 'Low-level lead exposure and mortality

in US adults: a population-based cohort study'. *The Lancet Public Health*, Vol. 3(4), 177–84.

第五章　臭氧，能腐蝕橡膠的汙染物

1. South Coast Air Quality Management District (1997), The Southland's War on Smog: Fifty Years of Progress Toward Clean Air (through May 1997) http://www.aqmd.gov/home/research /publications/50-years-of-progress
2. Dunsey, J. 'Localising smog – transgressions in the therapeutic landscape', in DuPuis, E.M. (ed.), *Smoke and Mirrors: the politics and culture of air pollution.* New York: New York University Press, 2004.
3. Cohen, S. K., Interview with Zus (Maria) Haagen-Smit (1910–2006). Pasadena: Archives of the California Institute of Technology, 2000.
4. Haagen-Smit, A.J. (1952), 'Chemistry and physiology of Los Angeles smog'. *Industrial and Engineering Chemistry*, Vol. 44(6), 1342–6.
5. Cohen, Interview with Zus (Maria) Haagen-Smit.
6. Kean, S. (2016), 'The flavor of smog'. *Distillations.*
7. Royal College of Physicians. *Air Pollution and Health.* London: Pitman, 1970.
8. Atkins, D.H.F., Cox, R.A. and Eggleton, A.E.J. (1972), 'Photochemical ozone and sulphuric acid aerosol formation in the atmosphere over southern England'. *Nature*, Vol. 235(5338), 372–6.
9. Jones, T., Overy, C., Tansey, E.M. *Air Pollution Research in Britain c1955– c2000.* London: The Wellcome Trust, 2016.
10. Cox, R.A., Eggleton, A.E.J., Derwent, R.G., Lovelock, J.E. and Pack, D.H. (1975), 'Long-range transport of photochemical ozone in North- Western Europe'. *Nature*, Vol. 255(5504), 118–21.
11. Jones et al., *Air Pollution Research in Britain.*
12. Jenkin, M.E., Davies, T.J. and Stedman, J.R. (2002), 'The origin and day-of-week dependence of photochemical ozone

episodes in the UK’. *Atmospheric Environment*, Vol. 36(6), 999–1012.

13. Stedman, J.R. (2004), ‘The predicted number of air pollution related deaths in the UK during the August 2003 heatwave’. *Atmospheric Environment*, Vol. 38(8), 1087–90.
14. World Health Organisation, Regional Office for Europe. *Review of Evidence on the Health Aspects of Air Pollution – REVIHAAP Project, technical report.* Bonn: WHO, 2013.
15. Di, Q., Wang, Y., Zanobetti, A., Wang, Y., Koutrakis, P., Choirat, C., Dominici, F. and Schwartz, J.D. (2017), ‘Air pollution and mortality in the Medicare population’. *New England Journal of Medicine*, Vol. 376(26), 2513–22.

第六章　酸雨及空氣中的微粒物質

1. United Nations. *Clearing the Air: 25 years of the Convention on the Long Range Transport of Air Pollutants.* Geneva and New York: United Nations, 2004.
2. Clapp, *An Environmental History of Britain.*
3. Ottar, B. (1976), ‘Organization of long range transport of air pollution monitoring in Europe’. *Water, Air, and Soil Pollution*, Vol. 6, 219–29.
4. https://www.theguardian.com/news/2005/oct/22/mainsection.saturday32
5. Ottar, B., (1977), ‘International agreement needed to reduce long-range transport of air pollutants in Europe’. *Ambio*, Vol. 6(5), 262–9.
6. United Nations, *Clearing the Air.*
7. Ottar, ‘International agreement needed’.
8. Ottar, ‘Organization of long range transport’.
9. Clapp, *An Environmental History of Britain*; Rees, R.L., ‘Removal of sulfur dioxide from power plant stack gases’, in

Mallette (ed.), *Problems and Control of Air Pollution*.
10. Barns, R.A. (1977), 'Sulphur deposit account'. *Nature*, Vol. 268, 92–3.
11. Editorial, 14 July 1977, 'Million dollar problem – billion dollar solution?' *Nature*, Vol. 268, 89.
12. Barnes, R., Parkinson, G.S. and Smith, A.E. (1983), 'The costs and benefits of sulphur oxide control'. *Journal of the Air Pollution Control Association*, Vol. 33(8), 737–41.
13. Ball, D.J. and Hume, R. (1977), 'The relative importance of vehicular and domestic emissions of dark smoke in Greater London in the mid-1970s, the significance of smoke shade measurements, and an explanation of the relationship of smoke shade to gravimetric'. *Atmospheric Environment*, Vol. 11(11), 1065–73.
14. Ball, D.J. (1977), 'Sampling. Some measurements of atmospheric pollution by aerosols in an urban environment'. *Proceedings of the Analytical Division of the Chemical Society*, Vol. 14(8), 203–8.
15. Expert Panel on Air Quality Standards. *Particles.* London: Department of Environment, Transport and the Regions, 1998.
16. Stedman, J. (1997), 'A UK wide episode of elevated particle (PM10) concentration in March 1996'. *Atmospheric Environment*, Vol. 31(15), 2381–3.
17. Ibid.
18. Macintyre, H.L., Heaviside, C., Neal, L.S., Agnew, P., Thornes, J. and Vardoulakis, S. (2016), 'Mortality and emergency hospitalizations associated with atmospheric particulate matter episodes across the UK in spring 2014'. *Environment International*, Vol. 97, 108–16.
19. European Environment Agency. *Air Quality in Europe – 2016 report.* EA Report number 28/2016. Luxembourg: EEA, 2016.
20. Wang, S. and Hao, J. (2012), 'Air quality management in China: issues, challenges, and options'. *Journal of*

Environmental Sciences, Vol. 24(1), 2–13.

21. Turnock, S.T., Butt, E.W., Richardson, T.B., Mann, G.W., Reddington, C.L., Forster, P.M., Haywood, J., Crippa, M., Janssens-Maenhout, G., Johnson, C.E. and Bellouin, N. (2016), 'The impact of European legislative and technology measures to reduce air pollutants on air quality, human health and climate'. *Environmental Research Letters*, Vol. 11(2), 024010.

第七章　六座城市的故事

1. Dockery, D.W., Pope, C.A., Xu, X., Spengler, J.D., Ware, J.H., Fay, M.E., Ferris, B.G., Jr and Speizer, F.E. (1993), 'An association between air pollution and mortality in six US cities'. *New England Journal of Medicine*, Vol. 329(24), pp. 1753–9.
2. Ibid.
3. The Health Effects Institute. *Reanalysis of the Harvard Six Cities Study and the American Cancer Society Study of Particulate Mortality: a special report of the Institute's particle epidemiology reanalysis project.* Cambridge, MA: HEI, 2000.
4. Moolgavkar, S.H. and Luebeck, E.G. (1996), 'A critical review of the evidence on particulate air pollution and mortality'. *Epidemiology*, Vol. 7(9), 420–8.
5. Vedal, S. (1997), 'Ambient particles and health: lines that divide'. *Journal of the Air & Waste Management Association*, Vol. 47(5), 551–81.
6. Health Effects Institute. *Reanalysis of the Harvard Six Cities Study.*
7. Laden, F., Schwartz, J., Speizer, F.E. and Dockery, D.W. (2006), 'Reduction in fine particulate air pollution and mortality: extended follow-up of the Harvard Six Cities study, *American Journal of Respiratory and Critical Care*

Medicine, Vol. 173(6), 667–72.

8. Gauderman, W.J., McConnell, R., Gilliland, F., London, S., Thomas, D. and Avol, E. (2000), 'Association between air pollution and lung function growth in southern California children'. *American Journal of Respiratory Critical Care Medicine*, Vol. 162(4), 1383–90.
9. Gauderman, W.J., Urman, R., Avol, E., Berhane, K., McConnell, R., Rappaport, E., Chang, R., Lurmann, F. and Gilliland, F. (2015), 'Association of improved air quality with lung development in children'. *New England Journal of Medicine*, Vol. 372(10), 905–13.
10. Ministry of Health, *Mortality and Morbidity During the London Fog of December 1952*.
11. Royal College of Physicians and Royal College of Paediatrics and Child Health. *Every Breath We Take· the lifelong impact of air pollution.* London: Royal College of Physicians, 2016.
12. Black, D., 'Sellafield: the nuclear legacy'. *The New Scientist*, 7 March 1985.
13. Hansell, A., Ghosh, R.E., Blangiardo, M., Perkins, C., Vienneau, D., Goffe, K., Briggs, D. and Gulliver, J. (2016), 'Historic air pollution exposure and long-term mortality risks in England and Wales: prospective longitudinal cohort study'. *Thorax*, Vol. 71(4), 330–8.
14. Kelly, F.J. (2003), 'Oxidative stress: its role in air pollution and adverse health effects'. *Occupational and Environmental Medicine*, Vol. 60(8), 612–16.
15. Pirani, M., Best, N., Blangiardo, M., Liverani, S., Atkinson, R.W. and Fuller, G.W. (2015), 'Analysing the health effects of simultaneous exposure to physical and chemical properties of airborne particles'. *Environment International*, Vol. 79, 56–64.
16. Health Effects Institute, *State of Global Air 2017*.
17. Di, Q., Wang, Y., Zanobetti, A., Wang, Y., Koutrakis, P., Choirat, C., Dominici, F. and Schwartz, J.D. (2017), 'Air

pollution and mortality in the Medicare population'. Vol. 376(26), 2513–22.
18. Health Effects Institute, *State of Global Air 2017.*

第八章　來一趟全球汙染之旅

1. Transport and Environment. *Diesel: the true and dirty story.* Brussels: T&E, 2017.
2. European Environment Agency. *Air Quality in Europe – 2016 report.*
3. Goudie, S. (2014), 'Desert dust and human health disorders'. *Environment International*, Vol. 63, 101–13.
4. Uno, I., Eguchi, K., Yumimoto, K., Takemura, T., Shimizu, A., Uematsu, M., Liu, Z., Wang, Z., Hara, Y. and Sugimoto, N. (2009), 'Asian dust transported one full circuit around the globe.' *Nature Geoscience*, Vol. 2(8).
5. Health Effects Institute, *State of Global Air 2017.*
6. Johnston, F.H., Henderson, S., Chen, Y., Randerson, J.Y., Marlier, M., DeFries, R.S., Kinney, P., Bowman, D.J.M.S. and Brauer, M. (2012), 'Estimated global mortality attributable to smoke from landscape fires'. *Environmental Health Perspectives*, Vol. 120(5), 695.
7. Tian, L., Ho, K., Louie, P.K.K., Qiu, H., Pun, V.C., Kan, H., Ignatius, T.S. and Wong, T.W. (2013), 'Shipping emissions associated with increased cardiovascular hospitalizations'. *Atmospheric Environment*, Vol. 74, 320–5.
8. Schmidt, A., Ostro, B., Carslaw, K.S., Wilson, M., Thordarson, T., Mann, G.W. and Simmons, A.J. (2011), 'Excess mortality in Europe following a future Laki-style Icelandic eruption'. *Proceedings of the National Academy of Sciences*, Vol. 108(38), 15710–15.
9. Helmig, D., Rossabi, S., Hueber, J., Tans, P., Montzka, S.A., Masarie, K., Thoning, K., Plass-Duelmer, C., Claude, A., Carpenter, L.J. and Lewis, A. (2016), 'Reversal of global atmospheric ethane and propane trends largely due to US oil and natural gas production'. *Nature Geoscience*, 490–5.

10. Roberts, D., 'Opinion: How the US embassy Tweeted to clear Beijing's air'. *Wired*, 3 June 2015.
11. Anejionu, O.C., Whyatt, J.D., Blackburn, G.A. and Price, C.S. (2015), 'Contributions of gas flaring to a global air pollution hotspot: Spatial and temporal variations, impacts and allevation'. *Atmospheric Environment*, Vol. 118, 184–93.
12. Miller, J., Façanha, C. *The State of Clean Transport Policy.* Washington: ICCT, 2014.
13. Broome, R.A., Fann, N., Cristina, T.J.N., Fulcher, C., Duc, H. and Morgan, G.G. (2015), 'The health benefits of reducing air pollution in Sydney, Australia'. *Environmental Research*, Vol. 143, 19–25.
14. https://www.theguardian.com/environment/2016/aug/28/pollution-new-zealand-wood-fires-insulation-world-weatherwatch and references therein.
15. Clean Air Institute. *Air Quality in Latin America.* Washington: Clean Air Institute, 2013.
16. de Fatima Andrade, M., Kumar, P., de Freitas, E.D., Ynoue, R.Y., Martins, J., Martins, L.D., Nogueira, T., Perez-Martinez, P., de Miranda, R.M., Albuquerque, T. and Gonçalves, F.L.T. (2017), 'Air quality in the megacity of São Paulo: Evolution over the last 30 years and future perspectives'. *Atmospheric Environment*, Vol. 159, 66–82.
17. Roberts, 'Opinion: How the US embassy Tweeted to clear Beijing's air'.
18. Chai, F., Gao, J., Chen, Z., Wang, S., Zhang, Y., Zhang, J., Zhang, H., Yun, Y. and Ren, C. (2015), 'Spatial and temporal variation of particulate matter and gaseous pollutants in 26 cities in China'. *Journal of Environmental Sciences*, Vol. 26(1), 75–82.
19. Wong, E., 'China lets media report on air pollution crisis'. *The New York Times*, 14 January 2013.
20. Song, C., He, J., Wu, L., Jin, T., Chen, X., Li, R., Ren, P., Zhang, L. and Mao, H. (2017), 'Health burden attributable to ambient PM2.5 in China'. *Environmental Pollution*, Vol. 223, 575–86.
21. Ebenstein, A., Fan, M., Greenstone, M., He, G. and Zhou, M. 2017, 'New evidence on the impact of sustained exposure to air pollution on life expectancy from China's Huai River Policy'. *Proceedings of the National Academy of Sciences*,

Vol. 114(39), 10384–8.

22. Shaddick, G., Thomas, M.L., Green, A., Brauer, M., Donkelaar, A., Burnett, R., Chang, H.H., Cohen, A., Dingenen, R.V., Dora, C. and Gumy, S, (2017), 'Data integration model for air quality: a hierarchical approach to the global estimation of exposures to ambient air pollution'. *Journal of the Royal Statistical Society*, Series C (Applied Statistics), Vol. 67(1), 231–53.
23. Health Effects Institute, Institute for Health Metrics. *The State of Global Air – 2018.* Boston: HEI, 2018.
24. Health Effects Institute, *State of Global Air 2017.*
25. Royal Society, *Ground-level Ozone in the 21st Century: future trends, impacts and policy implications.* London: Royal Society, 2008; Van Dingenen, R., Dentener, F.J., Raes, F., Krol, M.C., Emberson, L. and Cofala, J. (2009), 'The global impact of ozone on agricultural crop yields under current and future air quality legislation'. *Atmospheric Environment*, Vol. 43(3), 604–18.
26. Monks, P. (2000), 'A review of the observations and origins of the spring ozone maximum'. *Atmospheric Environment*, Vol. 34 (21), 3545–61; Royal Society. *Ground-level Ozone in the 21st Century.*
27. Royal Society, *Ground-level Ozone in the 21st Century.*
28. McDonald, B.C., de Gouw, J.A., Gilman, J.B., Jathar, S.H., Akherati, A., Cappa, C.D., Jimenez, J.L., Lee-Taylor, J., Hayes, P.L., McKeen, S.A. and Cui, Y.Y. (2018), 'Volatile chemical products emerging as largest petrochemical source of urban organic emissions'. *Science*, Vol. 359(6377), 760–4.
29. Ahmadov, R., McKeen, S., Trainer, M., Banta, R., Brewer, A., Brown, S., Edwards, P.M., de Gouw, J.A., Frost, G.J., Gilman, J. and Helmig, D. (2015), 'Understanding high wintertime ozone pollution events in an oil-and natural gas-producing region of the western US'. *Atmospheric Physics and Chemistry*, Vol. 15(1), 411–29.
30. Peischl, J., Ryerson, T.B., Aikin, K.C., Gouw, J.A., Gilman, J.B., Holloway, J.S., Lerner, B.M., Nadkarni, R., Neuman,

J.A., Nowak, J.B. and Trainer, M. (2014), 'Quantifying atmospheric methane emissions from the Haynesville, Fayetteville, and northeastern Marcellus shale gas production regions'. *Journal of Geophysical Research: Atmospheres*, Vol. 120(5), 2119–39.

31. Franco, B., Bader, W., Toon, G.C., Bray, C., Perrin, A., Fischer, E.V., Sudo, K., Boone, C.D., Bovy, B., Lejeune, B. and Servais, C. (2015), 'Retrieval of ethane from ground-based FTIR solar spectra using improved spectroscopy: Recent burden increase above Jungfraujoch'. *Journal of Quantitative Spectroscopy & Radiative Transfer*, Vol. 160, 36–49.

32. Helmig, D., Rossabi, S., Hueber, J., Tans, P., Montzka, S.A., Masarie, K., Thoning, K., Plass-Duelmer, C., Claude, A., Carpenter, L.J. and Lewis, A. (2016), 'Reversal of global atmospheric ethane and propane trends largely due to US oil and natural gas production'. *Nature Geoscience*, Vol. 9, 490–5.

33. Roohani, Y.H., Roy, A.A., Heo, J., Robinson, A.L. and Adams, P.J. (2017), 'Impact of natural gas development in the Marcellus and Utica shales on regional ozone and fine particulate matter levels'. *Atmospheric Environment*, Vol. 155, 11–20.

34. Inman, M. (2016), 'Can fracking power Europe?' *Nature News*, Vol. 531, 22–4.

35. Alvarez, R.A., Pacala, S.W., Winebrake, J.J., Chameides, W.L. and Hamburg, S.P. (2012), 'Greater focus needed on methane leakage from natural gas infrastructure'. *Proceedings of the National Academy of Sciences*, Vol. 109(17); Peischl, 'Quantifying atmospheric methane emissions'.

36. World Health Organisation. *Global Urban Ambient Air Pollution Database (update 2016)*. Geneva: World Health Organisation, 2016.

第九章　微粒的計算與當代空汙之謎

1. Seaton, A., Godden, D., MacNee, W. and Donaldson, K., (1995), 'Particulate air pollution and acute health effects'. *The*

Lancet, Vol. 345 (8943), 176–8; Seaton, A., (1996), 'Particles in the air: the enigma of urban air pollution'. *Journal of the Royal Society of Medicine*, Vol. 89(11), 604–7.

2. Anderson, 'Health effects of an air pollution episode in London'.
3. http://www.iom-world.org/about/.
4. The Royal Society and the Royal Academy of Engineering. *Nanoscience and Nanotechnologies*. London: 2005.
5. Atkinson, R.W., Fuller, G.W., Anderson, H.R., Harrison, R.M. and Armstrong, B. (2010), 'Urban ambient particle metrics and health: a time-series analysis'. *Epidemiology*, Vol. 21(4), 501–11.
6. Jones, A.M., Harrison, R.M., Barratt, B. and Fuller, G. (2012), 'A large reduction in airborne particle number concentrations at the time of the introduction of "sulphur free" diesel and the London low emission zone'. *Atmospheric Environment*, Vol. 50, 129–38.
7. Hudda, N. and Fruin, S.A. (2016), 'International airport impacts to air quality: size and related properties of large increases in ultrafine particle number concentrations'. *Environmental Science & Technology*, Vol. 50 (7), 3362–70.
8. Keuken, M.P., Moerman, M., Zandveld, P., Henzing, J.S. and Hoek, G. (2015), 'Total and size-resolved particle number and black carbon concentrations in urban areas near Schiphol airport (the Netherlands)'. *Atmospheric Environment*, Vol. 104, 132–42.
9. Hansell, A.L., Blangiardo, M., Fortunato, L., Floud, S., de Hoogh, K., Fecht, D., Ghosh, R.E., Laszlo, H.E., Pearson, C., Beale, L. and Beevers, S. (2013), 'Aircraft noise and cardiovascular disease near Heathrow airport in London: small area study'. *British Medical Journal*, Vol. 34, f5432.
10. Barrett, S.R., Yim, S.H., Gilmore, C.K., Murray, L.T., Kuhn, S.R., Tai, A.P., Yantosca, R.M., Byun, D.W., Ngan, F., Li, X. and Levy, J.I. (2012), 'Public health, climate, and economic impacts of desulfurizing jet fuel'. *Environmental Science & Technology*, Vol. 46, 4275–82.

11. Abernethy, R.C., Allen, R.W., McKendry, I.G. and Brauer, M. (2013), 'A land use regression model for ultrafine particles in Vancouver, Canada'. *Environmental Science & Technology*, Vol. 47(10), 5217–25.
12. Vert, C., Meliefste, K. and Hoek, G., (2016), 'Outdoor ultrafine particle concentrations in front of fast food restaurants'. *Journal of Exposure Science and Environmental Epidemiology*, Vol. 26(1), 35.
13. Brines, M., Dall'Osto, M., Beddows, D.C.S., Harrison, R.M., Gómez- Moreno, F., Núñez, L., Artíñano, B., Costabile, F., Gobbi, G.P., Salimi, F. and Morawska, L. (2015), 'Traffic and nucleation events as main sources of ultrafine particles in high-insolation insolation developed world cities'. *Atmospheric Chemistry and Physics*, 5929–45.
14. Beddows, D.C.S., Harrison, R.M., Green, D.C. and Fuller, G.W. (2015), 'Receptor modelling of both particle composition and size distribution from a background site in London, UK'. *Atmospheric Chemistry and Physics*, Vol. 15(17), 10107–25

第十章　福斯汽車和柴油的棘手難題

1. Transport and Environment. *Diesel: the true and dirty story.*
2. Ibid.
3. European Parliament Committee of Inquiry into Emission Measurements in the Automotive Sector. *Report on the Inquiry into Emission Measurements in the Automotive Sector (2016/2215(INI))*. European Parliament, 2016.
4. Transport and Environment, *Diesel: the true and dirty story.*
5. Cames, M. and Helmers, E, (2013), 'Critical evaluation of the European diesel car boom-global comparison, environmental effects and various national strategies'. *Environmental Sciences Europe*, Vol. 25(1), 15.
6. Ibid.
7. Transport and Environment, *Diesel: the true and dirty story.*

8. Carslaw, D.C., Beevers, S.D. and Fuller, G. (2001), 'An empirical approach for the prediction of annual mean nitrogen dioxide concentrations in London'. *Atmospheric Environment*, Vol. 35(8), 1505–15.
9. Carslaw, D.C, (2005), 'Evidence of an increasing NO2/NOX emissions ratio from road traffic emissions'. *Atmospheric Environment*, Vol. 39(26).
10. Font, A., Guiseppin, L., Ghersi, V., Fuller, G.W. (2018), 'A tale of two cities: is air pollution improving in London and Paris?' In preparation.
11. Department for Environment, Food and Rural Affairs. *Valuing Impacts on Air Quality: updates in valuing changes in emissions of oxides of nitrogen (NOX) and concentrations of nitrogen dixoide (NO2)*. London: Defra, 2015.
12. Carslaw, D.C. and Rhys-Tyler, G. (2013), 'New insights from comprehensive on-road measurements of NOx, NO2 and NH3 from vehicle emission remote sensing in London, UK'. *Atmospheric Environment*, Vol. 81, 339–47.
13. http://www.independent.co.uk/news/world/europe/the-2cv-a-french-icon-la-toute-petite-voiture-811246.html.
14. Department for Transport. *Vehicle Emissions Testing Programme*. London: DfT, 2016.
15. Ibid.
16. Hagman, R., Weber, C. and Amundsen, A.H. *Emissions from New Vehicles – Trustworthy?* (English summary). Oslo: TOI, 2015.
17. Sjödin, Å., Jerksjö, M., Fallgren, H., Salberg, H., Parsmo, R., Hult, C. *On-Road Emission Performance of Late Model Diesel and Gasoline Vehicles as Measured by Remote Sensing*. Stockholm: IVL, 2017.
18. Department for Transport, *Vehicle Emissions Testing Programme*.
19. International Council for Clean Transport, 'The emissions test defeat device problem in Europe is not about VW', [online], 2016: http://www.theicct.org/blogs/staff/ emissions-test-defeat-device-problem-europe-not-about-vw.
20. Font et al., 'A tale of two cities'.

21. Ibid.
22. Grange, S.K., Lewis, A.C., Moller, S.J., Carslaw, D.C. (2017), 'Lower vehicular primary emissions of NO2 in Europe than assumed in policy projections'. *Nature Geosciences*, Vol. 10, 914–18; Sjödin et al., 'On-road emission performance'.
23. Carslaw, 'Evidence of an increasing NO2/NOX emissions ratio from road traffic emissions'.
24. Font, A. and Fuller, G.W. (2016), 'Did policies to abate atmospheric emissions from traffic have a positive effect in London?' *Environmental Pollution*, Vol. 218, 463–74.
25. Sjödin et al., 'On-Road Emission Performance'.
26. Dunmore, R.E., Hopkins, J.R., Lidster, R.T., Lee, J.D., Evans, M.J., Rickard, A.R., Lewis, A.C. and Hamilton, J.F. (2015), 'Diesel-related hydrocarbons can dominate gas phase reactive carbon in megacities'. *Atmospheric Chemistry and Physics*, Vol. 15(17), 9983–96.
27. Ibid.

第十一章　燒柴是最天然的取暖方式嗎？

1. Favez, O., Cachier, H., Sciare, J., Sarda-Estève, R. and Martinon, L. (2009), 'Evidence for a significant contribution of wood-burning aerosols to PM 2.5 during the winter season in Paris, France'. *Atmospheric Environment*, Vol. 43(22), 3640–4.
2. Wagener, S., Langner, M., Hansen, U., Moriske, H.J. and Endlicher, W.R. (2012), 'Spatial and seasonal variations of biogenic tracer compounds in ambient PM 10 and PM 1 samples in Berlin, Germany'. *Atmospheric Environment*, Vol. 47, 33–42.
3. Fuller, G.W., Sciare, J., Lutz, M., Moukhtar, S. and Wagener, S. (2013), 'New directions: time to tackle urban wood-

burning?' *Atmospheric Environment*, Vol. 68, 295–6.

4. Fuller, G.W., Tremper, A.H., Baker, T.D., Yttri, K.E. and Butterfield, D. (2014), 'Contribution of wood-burning to PM10 in London'. *Atmospheric Environment*, Vol. 87, 87–94.
5. Fuller et al., 'New directions: time to tackle urban wood-burning?'
6. Walters, E. *Summary Results of the Domestic Wood Use Survey.* London: Department for Energy and Climate Change, 2016.
7. Font, A., Fuller, G.W. *Airborne Particles from Wood-Burning in UK Cities.* London: King's College London, 2017.
8. Reis, F., Marshall, J.D., Brauer, M. (2009), 'Intake fraction of urban wood smoke'. *Atmospheric Environment*, 4701–6.
9. *Daily Telegraph*, 30 December 2014: http://www.telegraph.co.uk/news/ worldnews/europe/france/11317811/Segolene-Royal-defeats-ridiculous- Paris-ban-on-open-log-fires.html.
10. Petersen, L.K. (2008), 'Autonomy and proximity in household heating practices: the case of wood-burning stoves'. *Journal of Environmental Policy and Planning*, Vol. 10(4), 423–38.
11. Robinson, D.L. (2016), 'What makes a successful woodsmoke-reduction program?' *Air Quality and Climate Change*, Vol. 50(3), 25–33.
12. See http://www.newshub.co.nz/home/new-zealand/2017/02/special-report-how-polluted-are-new-zealand-s-rivers.html.
13. Coulson, G., Bian, R. and Somervell, E. (2015), 'An investigation of the variability of particulate emissions from woodstoves in New Zealand'. *Aerosol and Air Quality Research*, Vol. 15, 2346–56.
14. Cupples, J., Guyatt, V. and Pearce, J. (2007), '"Put on a jacket, you wuss": cultural identities, home heating, and air pollution in Christchurch, New Zealand'. *Environment and Planning A*, Vol. 39(12), 2883–98.
15. Valiente, G., 'New rules for wood-burning appliances in Montreal, two decades after ice storm'. *The Globe and Mail*, 4 January 2018.

16. Whitehouse, A.C., Black, C.B., Heppe, M.S., Ruckdeschel, J. and Levin, S.M. (2008), 'Environmental exposure to Libby asbestos and mesotheliomas'. *American Journal of Industrial Medicine*, Vol. 51(11), 877–80.
17. Noonan, C.W., Navidi, W., Sheppard, L., Palmer, C.P., Bergauff, M., Hooper, K. and Ward, T.J. (2012), 'Residential indoor PM2. 5 in wood stove homes: follow-up of the Libby changeout program'. *Indoor Air*, Vol. 22(6), 492–500.
18. Noonan, C.W., Ward, T.J., Navidi, W. and Sheppard, L. (2012), 'A rural community intervention targeting biomass combustion sources: effects on air quality and reporting of children's respiratory outcomes'. *Occupational and Environmental Medicine*, Vol. 69(5), 354–60.
19. Coulson et al., 'An investigation of the variability of particulate emissions from woodstoves in New Zealand'.
20. Yap, P.-S. and Garcia, C. (2015), 'Effectiveness of residential wood-burning regulation on decreasing particulate matter levels and hospitalizations in the San Joaquin Valley air basin'. *American Journal of Public Health*, Vol. 105(4), 772–8.
21. Johnston, F.H., Hanigan, I.C., Henderson, S.B. and Morgan, G.G. (2013), 'Evaluation of interventions to reduce air pollution from biomass smoke on mortality in Launceston, Australia: retrospective analysis of daily mortality, 1994–2007'. *British Medical Journal*, Vol. 346, e8446.
22. Robinson, 'What makes a successful woodsmoke-reduction program?'
23. Davy, P.K., Ancelet, T., Trompetter, W.J., Markwitz, A. and Weatherburn, D.C. (2012), 'Composition and source contributions of air particulate matter pollution in a New Zealand suburban town'. *Atmospheric Pollution Research*, Vol. 3(1), 143–7.
24. Cavanagh, J.E., Davy, P., Ancelet, T., Wilton, E. (2012), 'Beyond PM10: benzo(a)pyrene and As concentrations in New Zealand air'. *Air Quality and Climate Change*, Vol. 46(2), 15.
25. See http://www.ekathimerini.com/147932/article/ekathimerini/ community/in-crisis-greeks-turn-to-wood-burning-and-choke.

26. Airuse. *Biomass Burning in Southern Europe.* Barcelona: Airuse Project, 2015.

27. Health Effects Institute, *State of Global Air 2017*; Landrigan, P. et al., *The Lancet Commission on Pollution and Health. The Lancet*, 2017.

28. Bruns, E.A., Krapf, M., Orasche, J., Huang, Y., Zimmermann, R., Drinovec, L., Močnik, G., El-Haddad, I., Slowik, J.G., Dommen, J. and Baltensperger, U. (2015), 'Characterization of primary and secondary wood combustion products generated under different burner loads'. *Atmospheric Chemistry and Physics*, Vol. 15(5), 2825–41.

29. Williams, M.L., Lott, M.C., Kitwiroon, N., Dajnak, D., Walton, H., Holland, M., Pye, S., Fecht, D., Toledano, M.B. and Beevers, S.D. (2018), 'The Lancet countdown on health benefits from the UK Climate Change Act: a modelling study for Great Britain'. *The Lancet Planetary Health*, Vol. 2(5), 205–13.

30. Brack, D. *Woody Biomass for Power and Heat: impacts on the global climate.* London: Chatham House, The Royal Institute for International Affairs, 2017; Laganière, J., Paré, D., Thiffault, E. and Bernier, P.Y. (2016), 'Range and uncertainties in estimating delays in greenhouse gas mitigation potential of forest bioenergy sourced from Canadian forests'. *GCB Bioenergy*, Vol. 9(2), 358–69.

31. Bølling, A.K., Pagels, J., Yttri, K.E., Barregard, L., Sallsten, G., Schwarze, P.E. and Boman, C. (2009), 'Health effects of residential wood smoke particles: the importance of combustion conditions and physicochemical particle properties'. *Particle and Fibre Toxicology*, Vol. 61(1), 65.

32. Air Quality Expert Group. *The Potential Air Quality Impacts from Biomass Burning in the UK.* London: Defra, 2017.

第十二章　錯誤的運輸方式

1. Curtis, C. (2005), 'The windscreen world of land use transport integration: experiences from Perth, WA, a dispersed city'. *Town Planning Review*, Vol. 76(4), 423–54.

2. Holman, C., Harrison, R. and Querol, X. (2015), 'Review of the efficacy of low emission zones to improve urban air quality in European cities'. *Atmospheric Environment*, Vol. 111, 161–9.
3. See https://www.crit-air.fr/en.html.
4. Transport for London. *Travel in London Report 3*. London: TfL, 2010.
5. Ibid.
6. Ellison, R.B., Greaves, S.P. and Hensher, D.A. (2013), 'Five years of London's low emission zone: Effects on vehicle fleet composition and air quality'. *Transportation Research*, Part D: Transport and Environment, Vol. 23, 25–33.
7. Malina, C. and Scheffler, F. (2015), 'The impact of Low Emission Zones on particulate matter concentration and public health'. *Transportation Research* Part A: Policy and Practice, Vol. 77, 372–85.
8. Boogaard, H., Janssen, N.A., Fischer, P.H., Kos, G.P., Weijers, E.P., Cassee, F.R., van der Zee, S.C., de Hartog, J.J., Meliefste, K., Wang, M. and Brunekreef, B. (2012), 'Impact of low emission zones and local traffic policies on ambient air pollution concentrations'. *Science of the Total Environment*, Vol. 435, 132–40.
9. Ellison et al., 'Five years of London's low emission zone'.
10. Wolff, H. (2014), 'Keep your clunker in the suburbs: Low emissions zones and the adoption of green vehicles'. *The Economic Journal*, Vol. 124, 481–512.
11. Ellison et al., 'Five years of London's low emission zone'; Font et al., 'A tale of two cities'.
12. Carslaw and Rhys-Tyler, 'New insights from comprehensive on-road measurements of NOx, NO2 and NH3'.
13. See https://www.theguardian.com/environment/2017/jan/29/paris-fight-against-smog-world-pollutionwatch; https://www.theguardian. com/environment/2017/jan/08/how-different-cities-respond-to-winter-smog-pollutionwatch and references therein.
14. Lin, C.Y.C., Zhang, W. and Umanskaya, V.I. (2011), 'The effects of driving restrictions on air quality: São Paulo,

Bogotá, Beijing, and Tianjin'. Agricultural & Applied Economics Association's 2011 AAEA & NAREA Joint Annual Meeting. Pittsburg, PA; Bigazzi, A.Y. and Rouleau, M. (2017), 'Can traffic management strategies improve urban air quality? A review of the evidence'. *Journal of Transport & Health*, Vol. 7, 111–24.

15. Kelly, F., Anderson, H.R., Armstrong, B., Atkinson, R., Barratt, B., Beevers, S., Derwent, D., Green, D., Mudway, I. and Wilkinson, P. (2011), 'The impact of the congestion charging scheme on air quality in London', Part 1 & 2. Boston, MA: Health Effects Institute.
16. Hanna, R., Kreindler, G. and Olken, B.A. (2017), 'Citywide effects of high-occupancy vehicle restrictions: evidence from "three-in-one" in Jakarta'. *Science*, Vol. 357(6346), 89–93.
17. Jevons, W.S. *The Coal Question: an inquiry concerning the progress of the nation, and the probable exhaustion of our coal mines*, 1st edn. London and Cambridge: Macmillan & Co., 1865.
18. The Standing Advisory Committee on Trunk Road Assessment (Chair: D.A. Woods QC). *Truck Roads and the Generation of Traffic.* London: Department for Transport, 1994.
19. Matson, L., Taylor, T., Sloman, L., Elliott, J. *Beyond Transport Infrastructure: lessons for the future from recent road projects.* London: Council for the Protection of Rural England and the Countryside Agency, 2006.
20. Milam, R.T., Birnbaum, M., Ganson, C., Handy, S. and Walters, J. (2017), 'Closing the induced vehicle travel gap between research and practice'. *Journal of the Transportation Research Board*, Vol. 2653, 10–16.
21. Cairns, S., Atkins, S. and Goodwin, P. (2002), 'Disappearing traffic? The story so far'. *Proceedings of the Institution of Civil Engineers – Municipal Engineer*, Vol. 151(1), 13–22.
22. Dablanc, L. (2015), 'Goods transport in large European cities: difficult to organize, difficult to modernize'. *Transportation Research* Part A: Policy and Practice, Vol. 41(3), 280–5.
23. Department for Transport. *Road Traffic Estimates: Great Britain 2016.* London: DfT, 2017. https://www.gov.uk/

government/uploads/ system/uploads/attachment_data/file/611304/annual-road-traffic-estimates-2016.pdf.

24. Transport for London. *Roads Task Force – Technical note 5. What are the main trends and developments affecting van traffic in London?* London: TfL, 2015.

25. Dablanc, L. and Montenon, A. (2015), 'Impacts of environmental access restrictions on freight delivery activities: example of Low Emission Zones in Europe'. *Transportation Research Record: Journal of the Transportation Research Board*, Vol. 2478, 12–18.

26. http://www.mailrail.co.uk/operation.html and http:// livinghistoryofillinois.com/pdf_files/Chicago%20Underground%20Freight%20Railway%20Network.pdf.

27. See https://www.theguardian.com/politics/2017/jul/25/. britain-to-ban-sale-of-all-diesel-and-petrol-cars-and-vans-from-2040.

28. See https://www.standard.co.uk/news/world/paris-to-ban-all-combustion-engine-petrol-diesel-cars-by-2030-a3656821.html.

29. Font, A. and Fuller, G.W. (2016), 'Did policies to abate atmospheric emissions from traffic have a positive effect in London?' *Environmental Pollution*, Vol. 218, 463–74.

30. See *Motor Sport* magazine: https://www.motorsportmagazine.com/ archive/article/may-2000/53/disc-brakes.

31. Hagino, H., Oyama, M. and Sasaki, S. (2016), 'Laboratory testing of airborne brake wear particle emissions using a dynamometer system under urban city driving cycles'. *Atmospheric Environment*, Vol. 131, 269–78.

32. Cassee, F.R., Héroux, M.E., Gerlofs-Nijland, M.E. and Kelly, F.J. (2013), 'Particulate matter beyond mass: recent health evidence on the role of fractions, chemical constituents and sources of emission'. *Inhalation Toxicology*, Vol. 25(4), 802–12.

33. Timmers, V.R. and Achten, P.A. (2016), 'Non-exhaust PM emissions from electric vehicles'. *Atmospheric Environment*,

Vol. 134, 10–17.

34. Department for Transport. *Road Traffic Estimates: Great Britain 2016.*
35. Royal College of Physicians et al., *Every Breath We Take.*
36. Jarrett, J., Woodcock, J., Griffiths, U.K., Chalabi, Z., Edwards, P., Roberts, I. and Haines, A. (2012), 'Effect of increasing active travel in urban England and Wales on costs to the National Health Service'. *The Lancet*, Vol. 379(9832), 2198–2205.
37. Rojas-Rueda, D., de Nazelle, A., Tainio, M. and Nieuwenhuijsen, M.J. (2011), 'The health risks and benefits of cycling in urban environments compared with car use: health impact assessment study'. *British Medical Journal*, Vol. 343, 4521.
38. Rabl, A. and De Nazelle, A. (2011), 'Benefits of shift from car to active transport'. *Transport Policy*, Vol. 191(1), 121–31.
39. Tainio, M., de Nazelle, A.J., Götschi, T., Kahlmeier, S., Rojas-Rueda, D., Nieuwenhuijsen, M.J., de Sá, T.H., Kelly, P. and Woodcock, J. (2016), 'Can air pollution negate the health benefits of cycling and walking?' *Preventive Medicine*, Vol. 87, 233–6.
40. Woodcock, J., Tainio, M., Cheshire, J., O'Brien, O. and Goodman, A. (2013), 'Health effects of the London bicycle sharing system: health impact modelling study'. *British Medical Journal*, Vol. 348, 425.
41. http://www.ukbiobank.ac.uk/.
42. Wheeler, Brian, '60mph motorway speed limit plan shelved'. BBC News, 8 July 2014.
43. http://www.theargus.co.uk/news/10352165. Driving_out_the_motcrist_ anti_car_policies_slammed_by_AA/.
44. Metz, D. (2013), 'Peak car and beyond: the fourth era of travel'. *Transport Reviews*, Vol. 33(3), 255–70.
45. Department for Transport. *Road Traffic Estimates: Great Britain 2016*; https://www.gov.uk/government/uploads/system/uploads/attachment_ data/file/611304/annual-road-traffic-estimates-2016.pdf

46. Focas, C. and Christidis, P. (2017), 'Peak Car in Europe?' *Transportation Research Procedia*, Vol. 25, 531–50.
47. See https://healthystreets.com/.

第十三章　淨化空氣

1. Evelyn, *Fumifugium*.
2. Salmond, J.A., Tadaki, M., Vardoulakis, S., Arbuthnott, K., Coutts, A., Demuzere, M., Dirks, K.N., Heaviside, C., Lim, S., Macintyre, H. and McInnes, R.N. (2016), 'Health and climate related ecosystem services provided by street trees in the urban environment'. *Environmental Health*, Vol. 15 suppl. 1, S36.
3. McDonald, A.G., Bealey, W.J., Fowler, D., Dragosits, U., Skiba, U., Smith, R.I., Donovan, R.G., Brett, H.E., Hewitt, C.N. and Nemitz, E. (2007), 'Quantifying the effect of urban tree planting on concentrations and depositions of PM10 in two UK conurbations'. *Atmospheric Environment*, Vol. 41(38), 8455–67.
4. Churkina, G., Kuik, F., Bonn, B., Lauer, A., Grote, R., Tomiak, K. and Butler, T.M. (2017), 'Effect of VOC emissions from vegetation on air quality in Berlin during a heatwave'. *Environmental Science & Technology*, Vol. 51, 6120–30.
5. Lewis, A., 'Beware China's "anti-smog tower" and other plans to pull pollution from the air'. *The Conversation*, 18 January 2018.
6. Air Quality Expert Group. *Paints and Surfaces for the Removal of Nitrogen Oxides*. London: Defra, 2016.
7. D'Antoni, D., Smith, L., Auyeung, V. and Weinman, J. (2017), 'Psychosocial and demographic predictors of adherence and non-adherence to health advice accompanying air quality warning systems: a systematic review'. *Environmental Health*, Vol. 16(1).
8. Lewis, A. and Edwards, P. (2016), 'Validate personal air-pollution sensors: Alastair Lewis and Peter Edwards call on researchers to test the accuracy of low-cost monitoring devices before regulators are flooded with questionable air-

quality data'. *Nature*, Vol. 535(7610), 29–32; Smith, K.R., Edwards, P.M., Evans, M.J., Lee, J.D., Shaw, M.D., Squires, F., Wilde, S. and Lewis, A.C. (2017), 'Clustering approaches to improve the performance of low cost air pollution sensors'. *Faraday Discussions*, Vol. 200, 621–37.

9. Laumbach, R., Meng, Q. and Kipen, H. (2015), 'What can individuals do to reduce personal health risks from air pollution?' *Journal of Thoracic Disease*, Vol. 7(1), 96.
10. Jones, 'A large reduction in airborne particle number concentrations'.
11. Kelly, I. and Clancy, L. (1984), 'Mortality in a general hospital and urban air pollution'. *Irish Medical Journal*, Vol. 77(10), 322–4.
12. Clancy, L., Goodman, P., Sinclair, H. and Dockery, D.W. (2002), 'Effect of air-pollution control on death rates in Dublin, Ireland: an intervention study'. *The Lancet*, Vol. 360(9341).
13. Dockery, D.W., Rich, D.Q., Goodman, P.G., Clancy, L., Ohman- Strickland, P., George, P. and Kotlov, T. (2013), 'Effect of air pollution control on mortality and hospital admissions in Ireland. Boston: Health Effects Institute, Vol. 176, 3–109.
14. Pozzer, A., Tsimpidi, A.P., Karydis, V.A., De Meij, A. and Lelieveld, J. (2017), 'Impact of agricultural emission reductions on fine-particulate matter and public health'. *Atmospheric Chemistry and Physics*, 12813.
15. European Union, 'Improving air quality: EU acceptance of the Gothenburg Protocol amendment in sight' [online], 17 July 2017: http://www.consilium.europa.eu/en/press/press-releases/2017/07/17/ agri-improving-air-quality/.
16. Kumar, A., 'Law aiding Monsanto is reason for Delhi's annual smoke season'. *The Sunday Guardian Live*, 30 December 2017.
17. Johnston, F.H., Purdie, S., Jalaludin, B., Martin, K.L., Henderson, S.B., Morgan, G.G. (2014), 'Air pollution events from forest fires and emergency department attendances in Sydney, Australia 1996–2007: a case-crossover analysis'. *Environmental Heath*, Vol. 13(1), 105.

18. See https://www.theguardian.com/uk-news/2017/nov/12/pollutionwatch-sepia-skies-point-to-smoke-and-smog-in-our-atmosphere.
19. Witham, C. and Manning, A. (2007), 'Impacts of Russian biomass burning on UK air quality'. *Atmospheric Environment*, Vol. 41(37), 8075–90.
20. Johnston, F.H., Henderson, S.B., Chen, Y., Randerson, J.T., Marlier, M., DeFries, R.S., Kinney, P., Bowman, D.M. and Brauer, M. (2012), 'Estimated global mortality attributable to smoke from landscape fires'. *Environmental Health Perspectives*, Vol. 120(5), 695.

第十四章　結論：接下來會如何？

1. Stern, N. 'The best of centuries or the worst of centuries'. Fulbright Commission [online], June 2018: http://fulbright.org.uk/media/2249/ nicholas-stern-essay.pdf.
2. World Bank. *Urban Development – overview*. The World Bank [online], 2 January 2018: http://www.worldbank.org/en/topic/urbandevelopment/ overview
3. Walton, H., Dajnak, D., Beevers, S., Williams, M., Watkiss, P., Hunt, A. *Understanding the Health Impacts of Air Pollution in London.* London: King's College London, 2016.
4. Bruckmann, P., Pfeffer, U. and Hoffmann, V. (2014), '50 years of air quality control in Northwestern Germany – how the blue skies over the Ruhr district were achieved'. *Gefahrstoffe-Reinhaltung der Luft*, Vol. 74(1–2), 37–44.
5. Ahlers, A.L. (2015), 'How the Sky over the Ruhr Became Blue Again – Or: A German researcher's optimism about China's opportunities to tackle the problem of air pollution'. academia.edu [online]: http://www. academia.edu/17286084/How_the_Sky_over_the_Ruhr_Became_ Blue_Again_Or_A_German_researcher_s_optimism_about_China_s_ opportunities_to_tackle_the_problem_of_air_pollution_2015_.

6. German Environment Agency, 'Federal Environment Agency: The sky over the Ruhr is blue again!' UBA [online]: https:// www.umweltbundesamt.de/en/press/pressinformation/ federal-environment-agency-sky-over-ruhr-is-blue.
7. Carr, E. Chan, Y., 'Is China serious about curbing pollution along the belt and road?' *China Morning Post*, 11 December 2017.
8. https://www.london.gov.uk/press-releases/mayoral/ mayor-unveils-action-plan-to-battle-toxic-air.
9. U.S. Environmental Protection Agency Office for Air and Radiation. *The Benefits and Costs of the Clean Air Act from 1990 to 2020.* s.l.: USEPA, 2011.
10. Turnock, S.T., Butt, E.W., Richardson, T.B., Mann, G.W., Reddington, C.L., Forster, P.M., Haywood, J., Crippa, M., Janssens-Maenhout, G., Johnson, C.E. and Bellouin, N. (2016), 'The impact of European legislative and technology measures to reduce air pollutants on air'. *Environmental Research Letters*, Vol. 12(11), 024010.
11. DfT Estimates 2016
12. See https://www.theguardian.com/environment/2018/apr/12/ pollutionwatch-bicycles-take-over-city-of-london-rush-hour and references therein.
13. Chung, J.H., Hwang, K.Y. and Bae, Y.K. (2012), 'The loss of road capacity and self-compliance: lessons from the Cheonggyecheon stream restoration'. *Transport Policy*, Vol. 21, 165–78.
14. McDonald, et al., 'Volatile chemical products emerging as largest petrochemical source of urban organic emissions'.
15. Royal College of Physicians et al., *Every Breath We Take.*
16. Hardin, G.. (1968), 'The Tragedy of the Commons'. *Science*, Vol. 162, 1243.
17. Woo, L., 'Garrett Hardin, 88; Ecologist Sparked Debate With Controversial Theories'. *Los Angeles Times*, 20 September 2003.
18. Li, H., Zhang, Q., Duan, F., Zheng, B. and He, K. (2016), The 'Parade Blue': effects of short-term emission control on

aerosol chemistry, *Faraday Discussions*, Vol. 189, 317–35.
19. European Commission. Commission staff working paper, annex to: *The Communication on Thematic Strategy on Air Pollution and the Directive on 'Ambient Air Quality and Cleaner Air for Europe'*. Brussels: EC, 2005.
20. Amann, M. (ed.). *Final Policy Scenarios of the EU Clean Air Policy Package.* Laxenburg, Austria: International Institute for Applied Systems Analysis, 2014.
21. Song, 'Health burden attributable to ambient PM2.5 in China'.
22. https://unfccc.int/process/conferences/pastconferences/ paris-climate-change-conference-november-2015/paris-agreement.
23. Hansen, J. *Storms of My Grandchildren.* London: Bloomsbury, 2009.
24. World Health Organisation. *Reducing Global Health Risks through Mitigation of Short-lived Climate Pollutants: scoping report for policy makers.* Geneva: WHO, 2015.
25. United Nations Environment Programme and World Meteorological Organisation. *Integrated Assessment of Black Carbon and Tropospheric Ozone: a summary for policy makers.* Nairobi: UNEP & WMO, 2011; Shindell, D., Kuylenstierna, J.C., Vignati, E., van Dingenen, R., Amann, M., Klimont, Z., Anenberg, S.C., Muller, N., Janssens-Maenhout, G., Raes, F., Schwartz, J., Williams, M. Fowler, D., et al. (2012),'Simultaneously mitigating near-term climate change and improving human health and food security'. *Science*, Vol. 335(6065), 183–9.
26. Williams, M.L., Beevers, S., Kitwiroon, N., Dajnak, D., Walton, H., Lott, M.C., Pye, S., Fecht, D., Toledano, M. B., Holland, M. *Public Health Air Pollution Impacts of Pathway Options to Meet the 2050 UK Climate Change Act Target – a modelling study.* London: King's College London, 2018.
27. Department for Transport. *The Road to Zero.* London: DfT, 2018.
28. Stern, 'The Best of Centuries or the Worst of Centuries'.

29. Royal College of Physicians et al., *Every Breath We Take*.

後記　我們仍抱持希望的理由？

1. Department for Environment Food and Rural Affairs (Defra), Clean Air Strategy. London: Defra, 2019.
2. Garnett, K., Van Calster, G. and Reins, L., 'Towards an innovation principle: an industry trump or shortening the odds on environmental protection?' *Law, Innovation and Technology*, Vol. 10(1), 1–14, 2018.
3. West, J. and Trupin, B., 'As air pollution increases in some US cities, the Trump administration is weakening clean air regulations', *The Conversation*, 11 May 2019. https://theconversation.com/as-air-pollution-increases-in-some-us-cities-the-trump-administration-is-weakening-clean-air-regulations-115975?;
4. Freidman, L., 'E.P.A. Plans to Get Thousands of Pollution Deaths Off the Books by Changing Its Math', *The New York Times,* 20 May 2019. https://www.nytimes.com/2019/05/20/climate/epa-air-pollution-deaths.html
5. Fuller, G., 'How passive smoking can help fix London's filthy air pollution crisis', *Wired*, 26 November 2018. https://www.wired.co.uk/ article/air-pollution-london-smoking
6. King's College London, 'Air pollution effects of Extinction Rebellion climate change protest 15/04/19 to 17/04/19 (ongoing)', 2019. https:// www.londonair.org.uk/LondonAir/general/news.aspx?newsId=51foyP VtvieVKszzVKLKlX
7. Mudway, I.S., Dundas, I., Wood, H.E., Marlin, N., Jamaludin, J.B., Bremner, S.A., Cross, L., Grieve, A., Nanzer, A., Barratt, B.M. and Beevers, S., 'Impact of London's low emission zone on air quality and children's respiratory health: a sequential annual cross-sectional study', *The Lancet Public Health*, Vol. 4(1), 28–40, 2019.
8. http://www.filter-cafe.org/
9. A UK sustainable travel charity. Set up in response to the oil crisis of the 1970s to encourage people to re-think their travel. Sustrans aims to empower people to make travel choices that are good for them and for the environment,

including increased walking and cycling.

10. https://www.sustrans.org.uk/news/ nearly-two-thirds-uk-teachers-want-car-free-roads-outside-schools
11. Fuller G., 'Pollutionwatch: the fight for clean air at the school gates', *The Guardian,* 23 May 2019. https:// www.theguardian.com/environment/2019/may/23/ pollutionwatch-the-fight-for-clean-air-at-the-school-gates
12. Taylor, M. and Sedgi, A., 'Londoners support charging "dirty" drivers, says air pollution study', *The Guardian, 8 April 2019.* https://www.theguardian.com/environment/2019/apr/08/ londoners-back-charging-dirty-drivers-says-air-pollution-study-ulez
13. '*The Times* air pollution campaign: our manifesto for clean air', *The Times*, 9 May 2019. https://www.thetimes.co.uk/article/campaign-for-change-our-manifesto-to-tackle-air-pollution-2m82vsvs6

BO0310

隱形殺手　空汙

面對霧霾、戴奧辛、PM2.5，我們該如何反擊？

原　書　名／The Invisible Killer: The Rising Global Threat of Air Pollution-and How We Can Fight Back
作　　　者／蓋瑞・富勒（Gary Fuller）
譯　　　者／陳松筠、游懿萱
企 畫 選 書／陳美靜
責 任 編 輯／劉芸
版　　　權／黃淑敏、翁靜如、林心紅、吳亭儀、邱珮芸
行 銷 業 務／莊英傑、周佑潔、王瑜

國家圖書館出版品預行編目（CIP）資料

隱形殺手　空汙：面對霧霾、戴奧辛、PM2.5，我們該如何反擊？／蓋瑞・富勒（Gary Fuller）著；陳松筠，游懿萱譯. -- 初版. -- 臺北市：商周出版：家庭傳媒城邦分公司發行, 2020.02
面；　公分
譯自：The Invisible Killer: The Rising Global Threat of Air Pollution-and How We Can Fight Back
ISBN 978-986-477-787-7（平裝）
1. 空氣汙染　2. 空氣汙染防制
367.41　　109000541

總　編　輯／陳美靜
總　經　理／彭之琬
事業群總經理／黃淑貞
發　行　人／何飛鵬
法 律 顧 問／台英國際商務法律事務所　羅明通律師
出　　　版／商周出版
臺北市104民生東路二段141號9樓
電話：(02) 2500-7008　傳真：(02) 2500-7759
E-mail: bwp.service @ cite.com.tw
發　　　行／英屬蓋曼群島商家庭傳媒股份有限公司　城邦分公司
臺北市104民生東路二段141號2樓
讀者服務專線：0800-020-299　24小時傳真服務：(02) 2517-0999
讀者服務信箱E-mail: cs@cite.com.tw
劃撥帳號：19833503　戶名：英屬蓋曼群島商家庭傳媒股份有限公司城邦分公司
訂 購 服 務／書虫股份有限公司客服專線：(02) 2500-7718；2500-7719
服務時間：週一至週五上午09:30-12:00；下午13:30-17:00
24小時傳真專線：(02) 2500-1990；2500-1991
劃撥帳號：19863813　戶名：書虫股份有限公司
E-mail: service@readingclub.com.tw
香港發行所／城邦（香港）出版集團有限公司
香港灣仔駱克道193號東超商業中心1樓
電話：(852) 2508-6231　傳真：(852) 2578-9337
馬新發行所／城邦（馬新）出版集團
Cite (M) Sdn. Bhd.
41, Jalan Radin Anum, Bandar Baru Sri Petaling, 57000 Kuala Lumpur, Malaysia.
電話：(603) 9057-8822　傳真：(603) 9057-6622　E-mail: cite@cite.com.my

封 面 設 計／黃宏穎
印　　　刷／鴻霖印刷傳媒股份有限公司
經　銷　商／聯合發行股份有限公司　電話：(02) 2917-8022　傳真：(02) 2911-0053
地址：新北市新店區寶橋路235巷6弄6號2樓

■2020年2月6日初版1刷　　Printed in Taiwan

定價390元
ISBN 978-986-477-787-7